中等职业教育计算机专业系列教材

Office 2013
SHILI JIAOCHENG

Office 2013
实例教程

■ 主 编 司晓露 李 团
■ 副主编 宋小亚 李国强
　　　　 刘文倩 唐颖颖

W
P
S
O
×

ZHONGDENG ZHIYE JIAOYU
JISUANJI ZHUANYE XILIE JIAOCAI

重庆大学出版社

图书在版编目（CIP）数据

Office 2013实例教程 / 司晓露，李团主编. --重庆：
重庆大学出版社，2017.10（2020.8重印）
中等职业教育计算机专业系列教材
ISBN 978-7-5689-0808-5

Ⅰ.①O…　Ⅱ.①司…②李…　Ⅲ.①办公自动化—应
用软件—中等专业学校—教材　Ⅳ.①TP317.1

中国版本图书馆CIP数据核字（2017）第231533号

Office 2013实例教程

主　编　司晓露　李　团
副主编　宋小亚　李国强　刘文倩　唐颖颖
责任编辑：陈一柳　　版式设计：陈一柳
责任校对：王　倩　　责任印制：赵　晟

*

重庆大学出版社出版发行
出版人：饶帮华
社址：重庆市沙坪坝区大学城西路21号
邮编：401331
电话：（023）88617190　88617185（中小学）
传真：（023）88617186　88617166
网址：http://www.cqup.com.cn
邮箱：fxk@cqup.com.cn（营销中心）
全国新华书店经销
POD：重庆新生代彩印技术有限公司

*

开本：787mm×1092mm　1/16　印张：10　字数：233千
2017年10月第1版　2020年8月第2次印刷
ISBN 978-7-5689-0808-5　定价：25.00元

随着计算机科学技术的普及和发展，社会各行各业对计算机技术的要求越来越普遍，计算机办公软件已经成为各行各业中不可缺少的基本工具之一。Microsoft Office是微软公司开发的一套基于 Windows 操作系统的办公软件套装，其常用组件有 Word、Excel、PowerPoint等。

根据教育部中等职业教育人才培养目标的要求，结合社会各行业对计算机办公人才的需要，我们在调查、总结计算机办公型人才培养方式的基础上，重新对计算机专业Office课程教学进行实践与创新，突出专业教学内容的针对性和实效性，重视对学生计算机基础知识的教学和利用软件解决实际问题能力的培养，使培养的人才能真正满足企业的需要。为进一步提高教学质量，我们专门组织了有丰富教学经验的老师并聘请有实践经验的行业专家一起研讨，编写了这本适用于中等职业学校的《Office 2013实例教程》。

本书根据Microsoft Office的使用频率，重点讲解了Word与Excel的基本使用，并较深入地介绍了PowerPoint的使用方法。本书主要通过Word基础、Word进阶、Excel基础、Excel进阶、PowerPoint基础及各软件综合协同使用几个方面的实例来阐述软件的使用方法，注重培养学生分析问题、解决问题的能力。

本书的实例一—实例六由李国强编写，实例七—实例十二由宋小亚编写，实例十五—实例二十一由唐颖颖编写，实例二十二—实例二十六、实例二十八由刘文倩编写，实例二十九—实例三十二由李团编写，实例十三、实例十四、实例二十七、实例三十三—实例三十八由司晓露编写，编者均为中职学校计算机专业

QIANYAN

前言

一线任课教师，有多年的Office软件教学经验。

本书配套资源中包含了书中所有案例的素材及效果文件。另外，为方便教师教学，本书还配备了PPT课件。本书参考学时为134课时，具体参考如下：

序　号	单元内容	课时分配		
		理论学时	实验学时	共　计
1	Word排版与编辑	14	44	58
2	Excel电子表格制作与数据处理	12	30	42
3	PowerPoint演示文稿制作	8	16	24
4	Office协同使用	4	6	10
合　计		38	96	134

衷心感谢重庆大学出版社对本书编写、出版给予的支持。由于编者水平有限，书中难免存在疏漏和不妥之处，敬请广大读者批评指正。

编　者

2017年7月

MULU

目　录

[实例一]

NO.1

文本和段落格式的设置

在Word 2013中，输入的文本默认为五号宋体，为了使文档更加美观，通常需要对文本格式进行设置，如设置字体、字形和字号等。

段落是构成整个文档的骨架，它是由正文、图表和图形等加上一个段落标记构成的。为了使文档的结构更加清晰、层次更加分明，Word 2013提供了段落格式设置功能，包括段落的对齐方式、段落缩进、段落间距等。

【职场再现】

小萨在海瑞超市上班，最近海瑞超市为了酬谢广大新老客户对超市的厚爱，准备举办“缤纷好礼送不停”的活动。超市老板找到小萨，让小萨制作一个“缤纷好礼送不停”活动宣传单，要求传单内容简单明了、页面美观大方。

【信息收集】

小萨接到老板布置的任务后，在网上查询活动宣传单的制作要求，以下是他收集到的一些关于活动宣传单的制作要求：

- 活动宣传单必须要有主标题和副标题。
- 活动宣传单页面的字体要恰当，字号要适中，字体颜色要美观。
- 活动宣传单页面的整体布局要协调。

【任务展示】

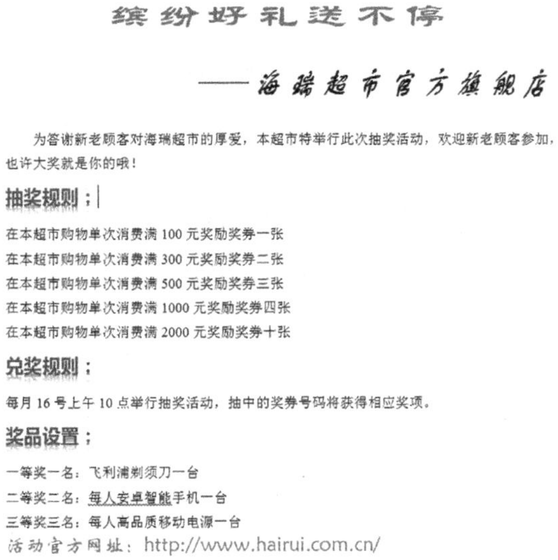
缤纷好礼送不停

——海瑞超市官方旗舰店

为答谢新老顾客对海瑞超市的厚爱，本超市特举行此次抽奖活动，欢迎新老顾客参加，也许大奖就是你的哦！

抽奖规则：

在本超市购物单次消费满 100 元奖励奖券一张
在本超市购物单次消费满 300 元奖励奖券二张
在本超市购物单次消费满 500 元奖励奖券三张
在本超市购物单次消费满 1000 元奖励奖券四张
在本超市购物单次消费满 2000 元奖励奖券十张

兑奖规则：

每月 16 号上午 10 点举行抽奖活动，抽中的奖券号码将获得相应奖项。

奖品设置：

一等奖一名：飞利浦剃须刀一台
二等奖二名：每人安卓智能手机一台
三等奖三名：每人高品质移动电源一台
活动官方网址：http://www.hairui.com.cn/

图 1-1

注意：图中网址为虚拟网址，不可打开。

【知识要点】

一、文本格式的设置

方法一：使用浮动工具栏设置

选中需要设置的文本，此时选中的文本区域的右上角会自动弹出一个浮动的工具栏，使用浮动工具栏提供的按钮，即可进行文本格式的设置。

方法二：使用字体功能区工具按钮

打开"开始"选项卡，使用"字体"组中提供的按钮即可设置文本格式。

•字体：指文字的外观，Word 2013提供了多种字体，默认字体为宋体。

•字形：指文字的一些特殊外观，如加粗、倾斜、下划线、上标和下标等。

•字号：指文字的大小，Word 2013提供了多种字号。

•字符边框：为文本添加边框，其中带圈字符按钮，可以为文本添加圆圈效果。

•文本效果：为文本添加特殊效果，单击该按钮，从弹出的菜单中可以为文本设置轮廓、阴影、映像和发光等效果。

•字体颜色：指文字的颜色，单击"字体颜色"按钮右侧的下拉箭头，在弹出的菜单中选择需要的颜色。

•字符缩放：增大或缩小字符。

•字符底纹：为文本添加底纹效果。

方法三：使用"字体"对话框设置

打开"开始"选项卡，单击"字体"对话框启动器 ⌐，打开"字体"对话框，即可进行文本格式的相关设置，如图1-2、图1-3所示。

图1-2

图1-3

二、设置段落对齐方式

段落对齐是指文档边缘的对齐方式，包括左对齐、居中对齐、右对齐、两端对齐和分散对齐。这5种对齐方式的说明如下。

• 左对齐：文本的左边对齐，右边参差不齐。

• 居中对齐：文本居中排列。

• 右对齐：文本的右边对齐，左边参差不齐。

• 两端对齐：为系统默认设置，两端对齐时文本左右两端均对齐，但是段落最后不满一行的文字是不对齐的。

• 分散对齐：文本左右两边均对齐，而且每个段落的最后一行不满一行时，将拉开字符间距使该行文字均匀分布。

设置段落对齐方式时，先选定需要对齐的段落，或将插入点定位到新段落的任意位置，然后可以通过单击"开始"选项卡的"段落"组中的相应按钮来实现，也可以通过"段落"对话框来实现。

三、设置段落缩进

段落缩进是指设置段落中的文本与页边距之间的距离。Word 2013提供了以下4种段落缩进的方式。

• 左缩进：设置整个段落左边界的缩进位置。

• 右缩进：设置整个段落右边界的缩进位置。

• 首行缩进：设置段落中首行的起始位置。

• 悬挂缩进：设置段落中除首行以外的其他行的起始位置。

使用"段落"对话框可以准确地设置缩进尺寸。打开"开始"选项卡，在"段落"组中单击对话框启动器，打开"段落"对话框的"缩进和间距"选项卡，在"缩进"选项区域中可以设置段落缩进。

四、设置段落间距

段落间距的设置包括对文档行间距的设置与对段间距的设置。其中，行间距是指段落中行与行之间的距离；段间距是指前后相邻的段落之间的距离。

Word 2013 默认的行间距值是单倍行距。打开"段落"对话框的"缩进和间距"选项卡，在"行距"下拉列表中选择"单倍行距"选项，并在"设置值"微调框中输入值，可以重新设置行间距；在"段前"和"段后"微调框中输入值，可以设置段间距。

【任务实施】

①在配套素材中（按以下路径：实例一文本和段落格式的设置\01课堂素材）找到"缤纷好礼送不停.docx"文档，双击打开文档。

②选中正标题文本"缤纷好礼送不停"，打开"开始"选项卡，在"字体"组中单击"字体"下拉按钮，在弹出的下拉列表框中选择"华文隶书"选项；单击"字号"下拉按钮，在弹出的下拉列表框中，选择"二号"选项；单击"字体颜色"下拉按钮，在弹出的颜色面板中选择"红色"色块，然后单击"加粗"按钮。

③选中副标题"——海瑞超市官方旗舰店",打开浮动工具栏,在"字体"下拉列表框中选择"方正舒体"选项,在"字号"下拉列表框中选择"小二"选项,然后单击"加粗"和"倾斜"按钮。

④选中第10段正文文本,打开"开始"选项卡,在"字体"组中单击对话框启动器,打开"字体"对话框。单击"中文字体"下拉按钮,从弹出的列表框中选择"微软雅黑"选项,在"字形"列表框中选择"加粗"选项,在"字号"列表框中选择"四号"选项;单击"字体颜色"下拉按钮,在弹出的颜色面板中选择"深红"色块,单击"确定"按钮,完成设置,如图1-4所示。

⑤在"字体"组中单击"文字效果"按钮,从弹出的菜单中选择"映像→紧密映像",为文本应用效果。

⑥使用同样的方法,设置最后一段文字字体为"华文新魏",字号为"小三",字体颜色为"深蓝"。

⑦选中正标题文本"缤纷好礼送不停",在"开始"选项卡中单击"字体"对话框启动器,打开"字体"对话框。在"高级"选项卡中,选择"缩放"为"150%","间距"为"加宽",并在其后的"磅值"微调框中输入"2磅";在"位置"下拉列表中选择"降低"选项,并在其后的"磅值"微调框中输入"2磅";单击"确定"按钮,完成字符间距的调整,如图1-5所示。

图1-4

图1-5

⑧使用同样的方法,设置副标题文本的缩放比例为"80%",字符间距为"加宽3磅"。

⑨选取正标题,在"开始"选项卡的"段落"组中单击"居中"按钮,设置居中对齐显示。

⑩将插入点定位在副标题段,使用同样的方法设置副标题文本为右对齐显示。

⑪选取正文第1段文本,打开"开始"选项卡,在"段落"组中单击对话框启动器,打开"段落"对话框。

缤纷好礼送不停

——海瑞超市官方旗舰店

为答谢新老顾客对海瑞超市的厚爱，本超市特举行此次抽奖活动，欢迎新老顾客参加，也许大奖就是你的哦！

抽奖规则：

在本超市购物单次消费满 100 元奖励奖券一张

在本超市购物单次消费满 300 元奖励奖券二张

在本超市购物单次消费满 500 元奖励奖券三张

在本超市购物单次消费满 1000 元奖励奖券四张

在本超市购物单次消费满 2000 元奖励奖券十张

兑奖规则：

每月 16 号上午 10 点举行抽奖活动，抽中的奖券号码将获得相应奖项。

奖品设置：

一等奖一名：飞利浦剃须刀一台

二等奖二名：每人安卓智能手机一台

三等奖三名：每人高品质移动电源一台

活动官方网址：http://www.hairui.com.cn/

图 1-6

⑫打开"缩进和间距"选项卡，在"段落"选项区域的"特殊格式"下拉列表中选择"首行缩进"选项，并在"缩进值"微调框中输入"2字符"，单击"确定"按钮，完成设置。

⑬将插入点定位在副标题段落，打开"开始"选项卡，在"段落"组中单击对话框启动器，打开"段落"对话框。

⑭打开"缩进与间距"选项卡，在"间距"选项区域中的"段前"和"段后"微调框中输入"0.5行"，单击"确定"按钮。

⑮选取所有正文文本，使用同样的方法，打开"段落"对话框的"缩进和间距"选项卡，在"行距"下拉列表中选择"固定值"选项，在其后的"设置值"微调框中输入"18磅"，单击"确定"按钮，完成行距的设置。

⑯使用同样的方法，设置第2段、第8段和第10段文本的段前、段后间距均为"0.5行"。

⑰设置完成后，打开"文件"选项卡，选择"另存为"，保存为"最终文档——缤纷好礼送不停01"。

独当一面

小萨通过本实例的学习对文本格式的设置已经非常熟练了，恰巧小萨妈妈的服装店要做一个打折优惠的宣传单，下面我们和小萨一起来做这个宣传单，看看谁做得更好。

项目符号和项目编号的设置

使用项目符号和项目编号列表，可以将文档中处于并列关系的内容以项目符号的方式呈现出来，对有顺序关系的内容以项目编号的方式呈现出来，使文档的层次结构更清晰、更有条理。

【职场再现】

小萨将活动宣传单制作完成后交给了老板，老板看后摇摇头，说层次结构不清晰，让小萨拿回去修改。

【信息收集】

小萨从老板那里回来后去网上寻找高手，让大家看看他的活动宣传单还需要修改哪些地方。网友们针对小萨的活动宣传单积极提出了修改意见，以下是小萨总结的修改意见：

- 3 ~ 7段缺少项目编号。
- 11 ~ 13段缺少项目符号。

【任务展示】

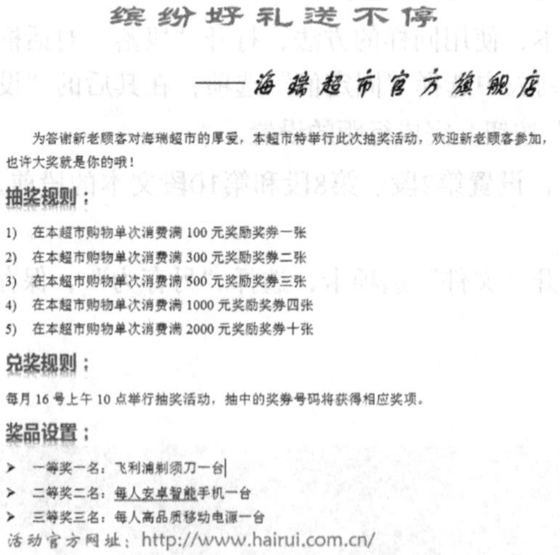

缤纷好礼送不停

——海瑞超市官方旗舰店

为答谢新老顾客对海瑞超市的厚爱，本超市特举行此次抽奖活动，欢迎新老顾客参加，也许大奖就是你的哦！

抽奖规则：

1) 在本超市购物单次消费满 100 元奖励奖券一张
2) 在本超市购物单次消费满 300 元奖励奖券二张
3) 在本超市购物单次消费满 500 元奖励奖券三张
4) 在本超市购物单次消费满 1000 元奖励奖券四张
5) 在本超市购物单次消费满 2000 元奖励奖券十张

兑奖规则：

每月 16 号上午 10 点举行抽奖活动，抽中的奖券号码将获得相应奖项。

奖品设置：

➢ 一等奖一名：飞利浦剃须刀一台
➢ 二等奖二名：每人安卓智能手机一台
➢ 三等奖三名：每人高品质移动电源一台

活动官方网址：http://www.hairui.com.cn/

图 2-1

【知识要点】

一、自动添加项目符号和项目编号

Word 2013提供了自动添加项目符号和编号的功能，在以"1." "（1）" "a"等字符开始的段落后按下"Enter"键,下一段开头将会自动出现对应编号的"2.""(2)""b"等字符。

除了使用Word 2013的自动添加项目符号和编号功能,也可以在输入文本之后,选中要添加项目符号和编号的段落,打开"开始"选项卡,在"段落"组中单击"项目符号"按钮,将自动在每一段落前面添加项目符号;单击"编号"按钮,将以"1.""2.""3."的形式为各文本段编号。

二、自定义项目符号和项目编号

使用项目符号和项目编号功能时,用户除了可以使用系统自带的项目符号和项目编号样式外,还可以对项目符号和项目编号进行自定义设置。

1.自定义项目符号

选取项目符号段落,打开"开始"选项卡,在"段落"组中单击"项目符号"下拉按钮,从弹出的菜单中选择"定义新项目符号"命令,打开"定义新项目符号"对话框,在该对话框中可以自定义一种新的项目符号,如图2-2所示。

2.自定义项目编号

选取编号段落,打开"开始"选项卡,在"段落"组中单击"编号"下拉按钮,从弹出的下拉菜单中选择"定义新编号格式"命令,打开"定义新编号格式"对话框。在"编号样式"下拉列表中选择一种编号的样式;单击"字体"按钮,可以在打开的"字体"对话框中设置项目编号的字体格式;在"对齐方式"下拉列表中选择编号的对齐方式,如图2-3所示。

图 2-2

图 2-3

【任务实施】

①启动Word 2013 应用程序,打开"缤纷好礼送不停"文档,选取第3—7段文本;打开"开始"选项卡,在"段落"组中单击"编号"下拉按钮,在弹出的列表框中选择一种编号样式。此时,将根据所选的编号样式自动为所选段落添加编号。

②选取第11~13段文本，打开"开始"选项卡，在"段落"组中单击"项目符号"下拉按钮，从弹出的列表框中选择一种项目符号样式，为段落自动添加项目符号。

③对文档进行"另存为"操作，保存文件名为"最终文档——缤纷好礼送不停02"。

独当一面

通过一天的学习，小萨又学到了不少知识，这时他想到之前给妈妈做的服装店打折优惠宣传单，觉得可以用今天所学的知识对之前的服装店打折优惠宣传单进行完善、美化。下面我们也一起来尝试一下吧！

边框和底纹的设置

在使用Word 2013进行文字处理时，为了使文档更加引人注目，可根据需要为文字和段落添加各种各样的边框和底纹，以增加文档的层次感和艺术性。

【职场再现】

小萨满怀信心地将修改完的活动宣传单再次交给了老板，以为这次一定会过关，没想到老板看了之后，还是摇头，让他拿回去再改。老板说活动宣传单需要添加一些衬托性的装饰，使其更美观。

【信息收集】

小萨根据老板的要求再次上网寻求帮助，以下是网友们给小萨提出的修改意见：
• 为文档添加边框。
• 为文档添加底纹。

【任务展示】

图 3-1

【任务实施】

一、为文本或者段落设置边框

选择要添加边框的文本或者段落，在"开始"选项卡的"段落"组中单击"下框线"下拉按钮，在弹出的菜单中选择"边框与底纹"命令，在"边框"选项卡中对边框进行相关设置，如图3-2所示。

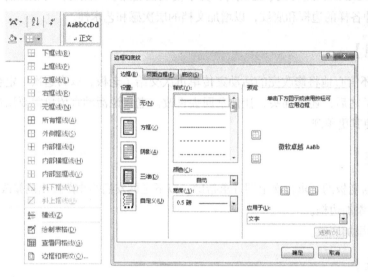

图 3-2

选取所有的文本，在"开始"选项卡的"段落"组中单击"边框"下拉按钮，在弹出的菜单中选择"边框和底纹"命令，打开"边框和底纹"对话框；选择"边框"选项卡，在"设置"选项区域中选择"三维"选项，在"样式"列表框中选择一种线型样式，在"颜色"下拉列表框中选择"橙色"色块，单击"确定"按钮。此时可为文档中所有的段落添加一个边框效果，如图3-3和图3-4所示。

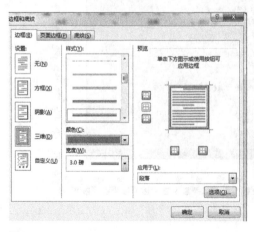

图 3-3 图 3-4

二、设置页面边框

设置页面边框可以使打印出来的文档更加美观。特别是要制作一篇精美的文档时，添加页面边框是一个很好的办法。

打开"边框和底纹"对话框的"页面边框"选项卡，只需在"艺术型"下拉列表中选择一种艺术型样式后，单击"确定"按钮，就可以为页面应用艺术型边框，如图3-5所示。

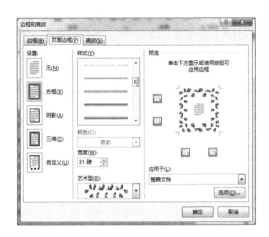

图 3-5

三、设置底纹

设置底纹不同于设置边框，底纹只能对文字、段落添加，而不能对页面添加。打开"边框与底纹"对话框的"底纹"选项卡，可以对底纹格式进行设置，如图3-6所示。

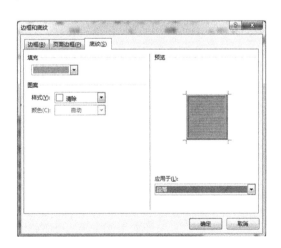

图 3-6

选取第2段和第8段文本，在"开始"选项卡的"字体"组中单击"以不同的颜色突出显示文本"下拉按钮，选择"红色"选项。

选取所有的文本，打开"边框和底纹"对话框，打开"底纹"选项卡，单击"填充"下拉按钮,在弹出的颜色面板中选择"橙色"色块,然后单击"确定"按钮;使用同样的方法为最后一段文本添加"深红"底纹。

对文档进行"另存为"操作,保存文件名为"最终文档——缤纷好礼送不停03"。

独当一面

小萨将修改后的活动宣传单交给老板,终于得到了老板的肯定。老板决定将以后超市的活动宣传单制作任务都交给小萨来完成。马上就是国庆节了,小萨想把"国庆节公司活动方案"的活动宣传单制作出来。下面我们来跟小萨一起制作活动宣传单,看看谁做得最漂亮。

[实例四]

图片、艺术字与自选图形的插入

为使文档更加美观、生动，可以在其中插入图片和艺术字。在 Word 2013 中，不仅可以插入系统提供的图片，而且还可以从其他程序或者其他地方导入图片。

【职场再现】

小夕是一名初中毕业生，由于没有考上重点高中，所以在父母的帮助下自己开了一家水果店。但是开店以来生意一直不好，她想为自己的水果店做个宣传单，以招揽顾客。

【信息收集】

小夕有了想法之后马上开始行动，她去网上观摩了一些水果店的宣传单，决定在自己的宣传单中包含以下要素：
- 在宣传单中插入一些漂亮的水果图片。
- 加入一些艺术字。
- 对图片的显示格式进行美化。

【任务展示】

精品香柠檬	18.5元/500g	红富士苹果	6.8元/500g。
大樱桃	60.8元/500g	无籽西瓜	2.8元/500g。
黑葡萄	30.6元/500g	菠萝蜜	98.2元/500g。
杨梅	25.8元/500g	橙子	8.8元/500g。
黄杏	30.8元/500g	香蕉	3.8元/500g。
奇异果	32.8元/500g	草莓	10.8元/500g。
荔枝	80.8元/500g	喜瓜	3.8元/500g。

图 4-1

【知识要点】

一、插入图片

在Word 2013中，人们可以将计算机中的图片插入文档中，打开"插入"选项卡，在"插图"组中单击"图片"按钮，打开"插入图片"对话框，选择图片文件，单击"插入"按钮，即可将图片插入文档中。

二、插入艺术字

在报刊杂志上经常会看到各种各样的艺术字，这些艺术字给读者带来了强烈的视觉冲击效果。使用Word 2013可以创建出文字的各种艺术效果，甚至可以把文本扭曲成各种形状或者设置为具有三维轮廓的效果等。打开"插入"选项卡，在"文本"组中单击"艺术字"按钮，在打开的艺术字列表框中选择样式即可。

三、自选图形

Word 2013提供了一套自选图形，包括直线、箭头、流程图、星与旗帜、标注等，使用这些形状可以在Word文档中灵活地绘制出各种图形和标志。

打开"插入"选项卡，在"插图"组中单击"形状"按钮，在弹出的下拉列表中选择需要绘制的图形，按住鼠标左键拖动，即可绘制出相应的形状。

【任务实施】

①启动Word 2013 应用程序，打开"水果店宣传单"文档。打开"插入"选项卡，在"插入"组中单击"图片"按钮，打开"插入图片"对话框，如图4-2所示。

图 4-2

②找到计算机中图片的位置，选中图片，单击"确定"按钮，即可将其插入文档中。

③插入图片后，Word 2013 会自动打开"图片工具"的"格式"选项卡，使用相应功能工具按钮，可以设置图片的颜色、大小、版式和样式等，让图片看起来更漂亮。

④选中插入的图片，打开"图片工具"的"格式"选项卡，在"图片样式"组中单击"图片效果"下拉按钮，选择"发光"→"蓝色"选项，如图4-3所示，为图片应用发光效果。

⑤在"排列"组中，单击"自动换行"按钮，从弹出的菜单中选择"衬于文字下方"命令，设置图片的环绕格式为衬于文字下方，如图4-4所示。

图 4-3   图 4-4

⑥将鼠标指针移至图上，待鼠标指针变为十字形状时，按住鼠标左键不放，拖动图片到合适位置后释放鼠标左键，即可调节图片的位置。

⑦插入艺术字。将插入点定位在第1行，打开"插入"选项卡，在"文本"组中单击"艺术字"按钮，在艺术字列表框中选择"填充–橙色，着色2，轮廓–着色2"样式，如图4-5所示。

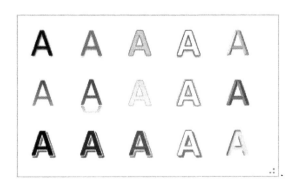

图 4-5

⑧在提示文本"请在此放置您的文字"处输入文本，设置字体为"华文隶书"，字号为"初号"，然后拖动鼠标调节艺术字至合适的位置，如图4-6所示。

图 4-6

⑨选中艺术字，打开"绘图工具"的"格式"选项卡，在"艺术字样式"组中单击"文本效果"按钮，在弹出的菜单中选择"发光"命令，然后在"发光变体"选项区域中选择"绿色，11pt发光，着色6"选项，为艺术字应用发光效果。

⑩在"大小"组的"高度"和"宽度"微调框中分别输入"4厘米"和"12厘米"，按"Enter"键，完成艺术字大小的设置。

⑪打开"插入"选项卡，在"插入"组中单击"形状"下拉按钮，从弹出的列表框中的"基本形状"区域中选择图文框形状，如图4-7所示。将鼠标指针移至文档中，待其变成"+"形状时，按住左键不放并拖动绘制图文框。

图 4-7

⑫选中自选图形并右击，从弹出的快捷菜单中选择"添加文字"命令，此时在图形中显示闪烁的光标，在光标处输入文本，然后设置输入文本的字体为"微软雅黑"，字

号为"五号",字体颜色为"深红",设置价格的字体颜色为"绿色"。

⑬选中"图文框"图形,打开"绘图工具"的"格式"选项卡,在"形状样式"组中单击"形状填充"按钮,从弹出的菜单中选择"橙色"选项,为图文框填充橙色;在"形状样式"组中单击"形状轮廓"按钮,从弹出的菜单中选择"绿色"选项,为图文框设置轮廓颜色;在"形状样式"组中单击"形状效果"按钮。从弹出的菜单中选择"棱台"→"圆"选项,为自选图形应用棱台效果。

⑭另存文件,为其命名为"最终文档——水果店宣传单"。

小提示

为了使自选图形与文档内容更加协调,可以使用"绘图工具"的"格式"选项卡中相应的功能工具按钮,对格式进行相关的设置,如调整图形的大小、设置形状的填充颜色、调整形状的样式、设置阴影和三维效果等。

独当一面

小夕做的水果店宣传单给自己带来了不少顾客,马上就是情人节了,小夕打算再做一个"情侣套餐水果"宣传单,但是最近小夕生意实在是太好了,根本忙不过来,我们来帮帮小夕吧。

[实例五]

页面和页面背景的设置

在编辑文档的过程中，为了使文档页面更加美观，用户可以根据需要对文档的页面进行布局，如设置页面的大小、设置文档网格、设置信纸页面等，从而制作出一个符合要求的文档版面。

【职场再现】

陈涛是一名刚中专毕业的学生，他去一家公司面试，他面试的岗位是Word 文字编辑。在面试时，面试人员给他出了以下几个题目：

- 用Word 2013 制作一个"新年贺卡"的稿纸页面。
- 用Word 2013 创建一个写信的稿纸页面。
- 为文档"客户信息登记表"设置水印效果。

【信息收集】

陈涛拿到面试题后马上开始思考题目的制作思路和技能点，得出以下结论：

- 制作"新年贺卡"的稿纸页面主要考查页面大小和文档网格的设置应用。
- 创建写信的稿纸页面设置主要考查页面布局菜单下稿纸设置命令的应用。
- 为文档"客户信息登记表"设置水印效果主要考查Word 2013中水印设置命令的应用。

【任务展示】

图 5-1

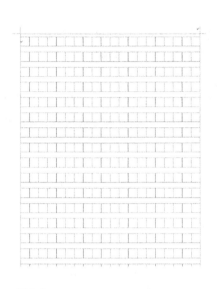

图 5-2

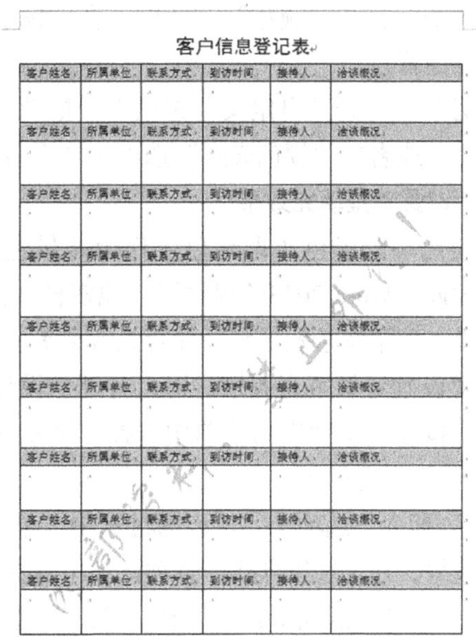

图 5-3

【知识要点】

一、设置页面大小

文档的页面大小设置实际上就是页边距、纸张方向和纸张大小的设置。打开"布局"选项卡，在"页面设置"组中单击"页边距""纸张方向"和"纸张大小"按钮可以进行相关的设置。

二、设置文档网格

文档网格用于设置文档中文字排列的方向、页面的行数、每行的字数等内容。

三、设置稿纸页面

Word 2013 提供了设置稿纸的功能，使用该功能，可以快速地为用户创建方格式、行线式和外框式的稿纸页面。

四、设置页面背景

丰富多彩的背景可以使文档更加生动和美观。在 Word 2013 中，不仅可以为文档添加页面颜色和页面背景，还可以制作出水印效果的背景。

1.设置纯色背景

Word 2013 提供了 70 多种内置颜色，可以选择这些颜色作为文档背景颜色，也可以自定义其他颜色作为背景。

要为文档设置背景颜色，可以打开"设计"选项卡，在"页面背景"选项组中单击"页面颜色"按钮，打开"页面颜色"子菜单，在"主题颜色"和"标准色"选项区域中，可以在其中选择任何一个色块作为背景。

如果对系统提供的颜色不满意，用户还可以在"页面颜色"子菜单中选择"其他颜色"命令，打开"颜色"对话框，在"标准"选项卡中选择六边形中的任意色块作为文档的页面背景。

另外，打开"自定义"选项卡，拖动鼠标指针在"颜色"选项区域中选择所需的背景颜色，或者在"颜色模式"选项区域中通过设置具体数值来选择颜色。

2.设置背景填充效果

使用一种颜色（即纯色）作为背景色，对于一些Web页面而言，显得过于单调乏味。为此，Word 2013还提供了其他多种文档背景填充效果，如渐变背景效果、纯纹理背景效果、图案背景效果和图片背景效果等。

要设置背景填充效果，可以打开"设计"选项卡，在"页面背景"组中单击"页面颜色"按钮，从弹出的菜单中选择"填充效果"命令，打开"填充效果"对话框，其中包括下述4个选项卡。

• "渐变"选项卡：可以通过选中"单色"或者"双色"单选按钮来创建不同类型的渐变效果，在"底纹样式"选项区域中选择渐变的样式。

• "纹理"选项卡：可以在"纹理"选项区域中选择一种纹理作为文档页面的背景，单击"其他纹理"按钮，可以添加自定义的纹理作为文档的页面背景。

• "图案"选项卡：可以在"图案"选项区域中选择一种基准图案，并在"前景"和"背景"下拉列表框中选择图案的前景和背景颜色。

• "图片"选项卡：单击"选择图片"按钮，从打开的"选择图片"对话框中选择一张图片作为文档的背景。

3.设置水印效果

所谓水印，是指显示在页面上的一种透明的花纹，它可以是一幅图画、一个图案或一种艺术字体。创建的水印在页面上以灰色显示，成为正文的背景，起到美化文档的效果。

打开"设计"选项卡，在"页面背景"组中单击"水印"按钮，在弹出的水印样式列表框中选择内置的水印。若选择"自定义水印"命令，则打开"水印"对话框，在其中可以自定义水印样式，如文字水印、图片水印等。

【任务实施】

一、设置新年贺卡稿纸页面

①启动Word 2013 应用程序，新建一个空白的文档，将其命名为"新年贺卡稿纸页面"。

②打开"布局"选项卡，在"页面设置"组中单击"页边距"按钮，从弹出的菜单中选择"自定义边距"命令，打开"页面设置"对话框。

③打开"页边距"选项，在"纸张方向"选项区域中选择"横向"选项，在"页边距"的"上"微调框中输入"4.5厘米"，在"下"微调框中输入"2.5厘米"，在"左"微调框中输入"5.5厘米"，在"右"微调框中输入"7.5厘米"，在"装订线位置"下拉列表框中选择"左"选项，在"装订线"微调框中输入"0.5厘米"，如图5-4所示。

④打开"纸张"选项卡，在"纸张大小"下拉列表框中选择"自定义大小"选项，在"宽度"和"高度"微调框中分别输入"27厘米"和"17厘米"，单击"确定"按钮，完成设置，如图5-5所示。

图 5-4

图 5-5

⑤打开"布局"选项卡，单击"页面设置"对话框启动器，打开"页面设置"对话框。打开"文档网格"选项卡，在"文字排列"选项区域中选中"水平"单选按钮，在"网格"选项区域中选中"指定行和字符网格"单选按钮。

⑥在"字符数"的"每行"微调框中输入"16"，在"行数"的"每页"微调框中输入"9"，单击"绘图网格"按钮，打开"绘图网格"对话框。选中"在屏幕上显示网格线"复选框，在"水平间隔"文本框中输入"2"，单击"确定"按钮，如图5-6和图5-7所示。

图 5-6

图 5-7

⑦此时，即可为文档应用所设置文档网格。

⑧打开"设计"选项卡，在"页面背景"组中单击"页面颜色"按钮，从弹出的快捷菜单中选择"填充效果"命令，打开"填充效果"对话框。

⑨打开"图片"选项卡，单击"选择图片"按钮，打开"选择图片"对话框。

⑩打开图片的存放路径，选择需要插入的图片，单击"插入"按钮。

⑪返回至"图片"选项卡，查看图片的整体效果，单击"确定"按钮。

二、设置信纸稿纸页面

①启动Word 2013应用程序，新建一个空白文档，将其命名为"信纸稿纸页面"。

②打开"布局"选项卡，在"稿纸"组中单击"稿纸设置"按钮，打开"稿纸设置"对话框。

③在"格式"下拉列表中选择"方格式稿纸"选项，在"行数×列数"下拉列表框中选择"20×20"选项，在"网格颜色"下拉面板中选择"红色"色块，如图5-8所示。

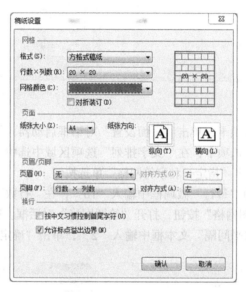

图 5-8

④单击"确认"按钮，即可进行稿纸转换，完成后将显示所设置的稿纸格式，此时稿纸颜色显示为红色。

三、制作水印效果

①启动Word 2013应用程序，打开"客户信息登记表"文档。

②打开"设计"选项卡，在"页面背景"组中单击"水印"按钮，从弹出的菜单中选择"自定义水印"命令，打开"水印"对话框。选中"文字水印"单选按钮，在"文字"列表框中输入文字，在"字体"下拉列表框中选择"方正舒体"选项，在"颜色"面板中选择"深红"色块，并选中"斜式"单选按钮，如图5-9所示。

③设置完成后，单击"确定"按钮，即可将水印添加到文档中。最后对文档进行另存为操作，并将其命名为"最终文档——客户信息登记表"。

图 5-9

独当一面

陈涛凭着过硬的技术顺利通过了面试，老板让他第二天就去上班。他突发奇想：用Word设计一个信封封面和稿纸，给自己的母亲写一封信，将这个好消息告诉她。但是刚进公司老板就给陈涛布置了一大堆任务，他没有时间来实现这个愿望，让我们来帮帮陈涛吧。

[实例六]

NO.6

表格的创建与编辑

为了简洁地说明问题，常常在文档中制作各种各样的表格。Word 2013提供了强大的表格制作功能，可以快速地创建与编辑表格。

【职场再现】

张晓燕在一所大学工作，主要工作是负责学生资料的管理和奖学金的发放。最近市教委给学校下发了关于“奖学金”评定工作的文件，要求各学校自制奖学金评分表进行评选，每所学校可评选出3名学生。

【信息收集】

张晓燕拿到市教委下发的文件后，马上展开工作，首先她在网上查询了一些奖学金评分表的样表，并总结出奖学金评分表应包含以下内容：

•学生的基本信息（姓名、班级、专业）。

•学生考勤情况。

•学生在校奖惩情况。

•学生在校成绩（学习成绩和德育成绩）。

•班级辅导员签字、班主任签字和校党支部领导签字。

•备注。

【任务展示】

奖学金评分表

姓名		班级		专业	
考勤情况	迟到 次 早退 次 旷课 次 病假 次 事假 次 其他 次				
奖惩情况	班级奖励 次 学院奖励 次 校级奖励 次 警告 次 记过 次 其他 次				
评分内容		等级		总评	
学习成绩	专业课成绩	A、B、C、D			
	选修课成绩	A、B、C、D			
	论文完成质量	A、B、C、D			
德育成绩	积极要求进步	A、B、C、D			
	热心帮助他人、乐于助人	A、B、C、D			
	积极参加院校各种活动	A、B、C、D			
班级辅导员签字		班主任签字		校党支部领导签字	
备注：					

图 6-1

【知识要点】

一、创建表格

在Word 2013中，可以使用多种方法来创建表格。

•使用表格网格框创建表格：打开"插入"选项卡，单击"表格"组中的"表格"按钮，在弹出的菜单中会出现一个网格框，如图6-2所示。在网格框中，按住鼠标左键并拖动确定要创建表格的行数和列数，然后单击，即可创建一个规则表格。

•使用对话框创建表格：打开"插入"选项卡，在"表格"组中单击"表格"按钮，在弹出的菜单中选择"插入表格"命令，打开"插入表格"对话框。在"列数"和"行数"微调框中可以指定表格的列数和行数，然后单击"确定"按钮即可，如图6-3所示。

图 6-2

图 6-3

•绘制不规则表格：打开"插入"选项卡，在"表格"组中单击"表格"按钮，在弹出的菜单中选择"绘制表格"命令，此时鼠标光标变为铅笔形状。按住鼠标左键不放并拖动，会出现一个表格的虚框，待达到合适大小后，释放鼠标即可生成表格的边框；然后在表格边框的任意位置，用鼠标单击选择一个起点，按住鼠标左键不放并向右（或向下）拖动绘制出表格中的纵线（或竖线）。

•插入内置表格：打开"插入"选项卡，在"表格"组中单击"表格"按钮，在弹出的菜单中选择"快速表格"命令的子命令即可。

二、选定行、列和单元格

表格创建完成后，还需要对其进行编辑修改操作，如选定行、列和单元格，插入和删除行、列，合并和拆分单元格等。

对表格进行格式化之前，首先要选定表格编辑对象。

•选定一个单元格：将鼠标移动至该单元格的左侧区域，当光标变为➚形状时，单击鼠标左键。

•选定整行：将鼠标移动至该行的左侧，当光标变为➚形状时，单击鼠标左键。

•选定整列：将鼠标移动至该列的上方，当光标变为➘形状时，单击鼠标左键。

•选定多个连续单元格：沿被选区域左上角向右下角拖动鼠标。

•选定多个不连续单元格：选取第1个单元格后，按住Ctrl键不放，再分别选取其他的单元格。

•选定整个表格：移动鼠标到表格左上角图表⊞时，单击鼠标左键。

三、插入或者删除行、列和单元格

在Word 2013中，可以很方便地完成行、列和单元格的插入或者删除操作。

•插入行、列和单元格：打开"表格工具"的"布局"选项卡，在"行和列"组中单击相应的按钮插入行或者列；单击对话框启动器，打开"插入单元格"对话框，在其中选中相应的单选按钮，单击"确定"按钮即可。

•删除行、列和单元格：打开"表格工具"的"布局"选项卡，在"行和列"组中单击"删除"按钮，在弹出的菜单中选择相应的命令。

四、合并与拆分单元格

选取要拆分的单元格，打开"表格工具"的"布局"选项卡，在"合并"组中单击"拆分单元格"按钮，打开"拆分单元格"对话框，在"列数"和"行数"文本框中分别输入需要拆分的列数和行数即可。

选取要合并的单元格，打开"表格工具"的"布局"选项卡，在"合并"组中单击"合并单元格"按钮，此时Word 就会删除所选单元格之间的边界，建立一个新的单元格，并将原来单元格的列宽和行高合并为当前单元格的列宽和行高。

五、调整表格的行高和列宽

创建表格时，表格的行高和列宽都是默认值，而在实际工作中常常需要调整表格的行高和列宽。在Word 2013 中，可以使用多种方法调整表格行高和列宽。

•自动调整：将插入点定位在表格内，打开"表格工具"的"布局"选项卡，在"单元格大小"组中单击"自动"调整按钮，从弹出的菜单中选择相应的命令，即可调整表格的行高与列宽。

•使用鼠标拖动调整：将插入点定位在表格内，将鼠标指针移动到需要调整的边框上，待鼠标光标变为双向箭头时，按下鼠标左键拖动即可。

•使用对话框进行调整：将插入点定位在表格内，打开"表格工具"的"布局"选项卡，在"单元格大小"组中单击"对话框启动器"按钮，打开"表格属性"对话框，在其中进行设置。

六、在表格中输入文本

用户可以在表格的各个单元格中输入文字、插入图形，也可以对单元格中的内容进行剪切和粘贴等操作，与在正文文本中的操作方式基本相同。将光标置于表格的单元格中，直接利用键盘输入文本即可。

【任务实施】

①启动Word 2013应用程序，新建一个名为"奖学金评分表"的文档。在插入点处输入表题"奖学金评分表"，设置其格式为"华文细黑""小二""加粗""深蓝""居中"。

②将插入点定位在标题下一行，打开"插入"选项卡，在"表格"组中单击"表

格"按钮，在弹出的菜单中选择"插入表格"命令，打开"插入表格"对话框；在"列数"和"行数"文本框中分别输入"6"和"9"，选中"固定列宽"单选按钮，在其后的文本框中选择"自动"选项，单击"确定"按钮，如图6-4所示。

③在文档中插入了一个"6×9"的规则表格，按"Ctrl+S"键保存创建的"奖学金评分表"文档，如图6-5所示。

图 6-4

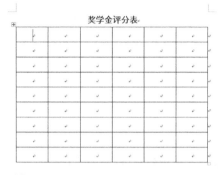

图 6-5

④选取表格的第2行的后5个单元格，打开"表格工具"的"布局"选项卡，在"合并"组中单击"合并单元格"按钮，合并这5个单元格。

⑤使用同样的方法，合并其他的单元格，效果图如图6-6所示。

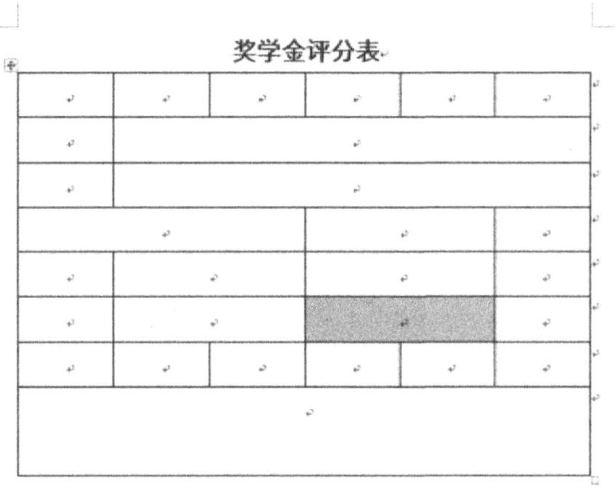

图 6-6

⑥将插入点定位在第5行第2列的单元格中，在"合并"组中单击"拆分单元格"按钮，打开"拆分单元格"对话框。在该对话框中"列数"和"行数"文本框中分别输入"1"和"3"，单击"确定"按钮，此时该单元格被拆分成3个单元格。

⑦使用同样的方法，拆分其他单元格，最终效果如图6-7所示。

⑧将插入点定位在第2行任意单元格中，在"单元格大小"组中单击"对话框启动器"，打开"表格属性"对话框的"行"选项卡；在"尺寸"选项区域中选中"指定高度"复选框，在其后的微调框中输入"1厘米"，单击"下一行"按钮。

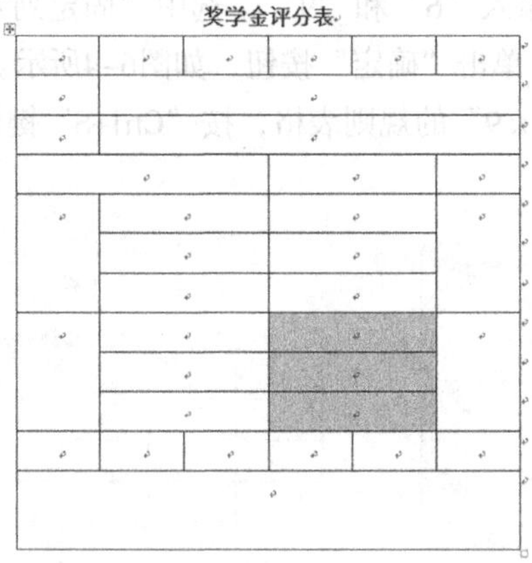

奖学金评分表

图 6-7

⑨按要求设置第3行行高为"1厘米",第11行行高为"2厘米",第12行行高为"4厘米",单击"确定"按钮,完成行高的设置,整体效果如图6-8所示。

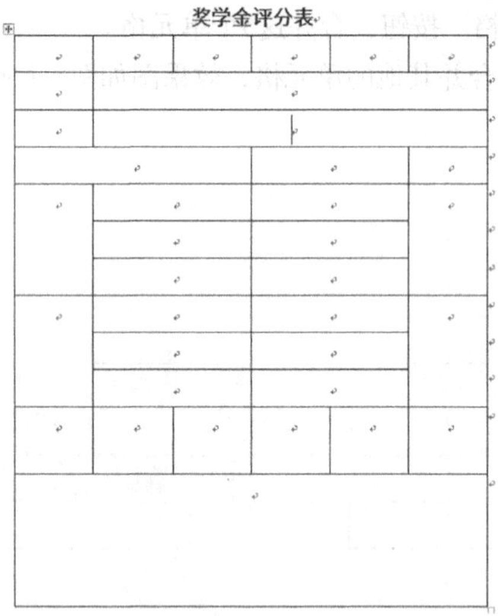

奖学金评分表

图 6-8

⑩将插入点定位在第1列,打开"表格属性"对话框的"列"选项卡,在"尺寸"选项区域中选中"指定宽度"复选框,在其后的微调框中输入"2厘米",单击"下一列"按钮;按要求设置第6列的列宽为"3厘米",然后单击"确定"按钮,完成列宽的设置。

⑪将鼠标光标移动到第1行第1列的单元格处,单击鼠标左键,将插入点定位到该单元格中,输入文本"姓名";按"Tab"键,依次在各单元格中输入文本,设置"字号"为"五号",如图6-1所示。

⑫选取表格的第1~11行单元格，打开"表格工具"的"布局"选项卡，在"对齐方式"组中单击"水平居中"按钮，设置文本为中部居中对齐。

⑬选取整个表格，设置表格文本的字体颜色为"深蓝"。

⑭保存编辑后的文本"奖学金评分表"。

独当一面

通过今天的学习，同学们已经掌握了表格的创建和编辑，下面请同学们来制作一个"学生期末成绩统计表"，对今天所学的知识进行巩固和提高。

[实例七]

表格数据简单计算

日常工作中，人们常用Word文档来写工作总结，总结中免不了会插入表格，并进行简单的数据计算与统计，从而使工作总结更具说服力。

【职场再现】

李云是光明中学初二年级一班的班主任，期中考试成绩出来了，他为了对成绩进行造册、统计，用Word的表格建立了一个"学生成绩统计表"，然后分析了每个学生的成绩。

【信息收集】

收集班上每个学生的期中考试成绩。

【任务展示】

学号	姓名	语文	数学	英语	总分	平均分
201601	赵子琴	96	93	87	276	92
201602	钱丑琪	54	64	38	156	52
201603	孙寅书	93	95	98	286	95.33
201604	李卯画	68	98	76	242	80.67
201605	周晨笔	88	75	39	202	67.33
201606	吴以墨	79	89	99	267	89
201607	郑午纸	98	88	78	264	88
201608	王渭燕	94	85	78	257	85.67
201609	冯申梅	97	97	85	279	93
2016010	储戊竹	83	84	85	252	84
最高分		98	98	99		

图 7-1

【任务实施】

本例是利用Word表格进行简单的数据计算，重点在于公式的应用。

一、计算总分

①在文档中建立如图7-2所示表格。

学号	姓名	语文	数学	英语	总分	平均分
201601	赵子琴	96	93	87		
201602	钱丑琪	54	64	38		
201603	孙寅书	93	95	98		
201604	李卯画	68	98	76		
201605	周晨笔	88	75	39		
201606	吴以墨	79	89	99		
201607	郑午纸	98	88	78		
201608	王渭燕	94	85	78		
201609	冯申梅	97	97	85		
2016010	储戊竹	83	84	85		
最高分						

图 7-2

②对"总分"进行计算。将光标放置在第一个学生的总分单元格中,然后单击"插入"选项卡下"文本"选项组里的"文档部件",从其下拉列表中选择"域"项,如图7-3所示。

图 7-3

图 7-4

③在打开的"域"窗口中,选择"域"列表中的"=(Formula)",然后单击"公式"按钮,如图7-4所示。

④ 在打开的"公式"窗口中,输入"=SUM(c2:e2)",单击"确定"按钮,如图7-5所示。

图 7-5

⑤第一个同学的总分算出来了，如图7-6所示。

学号	姓名	语文	数学	英语	总分	平均分
201601	赵子琴	96	93	87	276	

图 7-6

⑥使用同样的方法算出其他同学的总分。

二、求平均值

①将光标放置在第一位学生的平均分单元格中。

②在打开的"公式"窗口中，将"公式"输入框中的原有公式删除，并输入"="号，接着从"粘贴函数"下拉列表中选择平均值函数"AVERAGE"，如图7-7所示。

③输入参数，得结果公式"=AVERAGE(c2:e2)"，单击"确定"按钮即可产生计算结果，如图7-8所示。

图 7-7   图 7-8

④第一个同学的平均分就算出来了，如图7-9所示。

学号	姓名	语文	数学	英语	总分	平均分
201601	赵子琴	96	93	87	276	92

图 7-9

⑤使用同样的方法算出其他同学的平均分。

三、求最大值

①找出语文成绩的最高分。将鼠标定位在语文最高分的单元格，在打开的"公式"窗口中，将"公式"输入框中的原有公式删除并输入"="号，接着从"粘贴函数"下拉列表中选择最大值"MAX"，如图7-10所示。

②输入参数，得结果公式"=MAX(c2:c11)"，单击"确定"按钮即可产生所需结果，如图7-11所示。

图 7-10

图 7-11

③语文成绩的最高分就显示出来了，如图7-12所示。

④使用同样的方法显示出其他科目的最高分。

最后完成整个成绩表的分析，如图7-1所示。

学号	姓名	语文
201601	赵子琴	96
201602	钱丑琪	54
201603	孙寅书	93
201604	李卯画	68
201605	周晨笔	88
201606	吴以墨	79
201607	郑午纸	98
201608	王渭燕	94
201609	冯申梅	97
2016010	储戊竹	83
最高分		98

图 7-12

独当一面

　　李云为了让同学们理解父母挣钱的不容易，让每个同学了解自己每个月用了多少生活费，要求大家利用周末的时间统计一下自己1—5月份的生活支出情况。

[实例八]

SmartArt组织结构

一个企业要想有好的发展，就必须要有健全的组织结构。SmartArt图形工具是制作组织结构图的最好工具。SmartArt 图形是信息和观点的视觉表示形式，利用它可以快速、轻松、有效地创造出企业的组织结构图。

【职场再现】

肖萍在一家公司做人事干部，经理交代她制作一张公司的组织结构图，她决定利用Word中的SmartArt 图形工具来完成，于是立刻动手做起来！

【信息收集】

肖萍在经理处收集了他们公司的整个组织结构情况。

【任务展示】

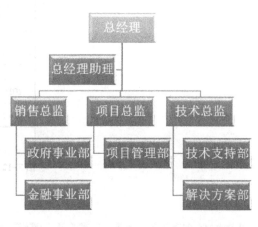

图 8-1

【任务实施】

本例是运用SmartArt图形工具制作公司组织结构图。

①在"插入"选项卡下单击"SmartArt"命令按钮，如图8-2所示。

图 8-2

②出现如图8-3所示窗口，选择"层次结构"→"组织结构图"。

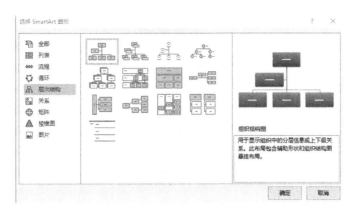

图8-3

③右击底层最左侧的文本框，鼠标指向"添加形状"并选择子菜单中的"在下方添加图形"，并以同样方法为其他文本框添加形状，如图8-4所示。

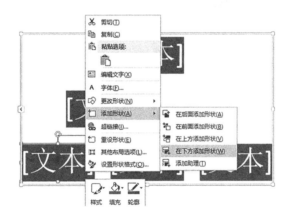

图8-4

添加后效果如图8-5所示。

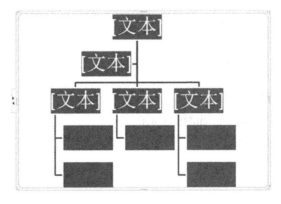

图8-5

④依次在文本框中输入文字，如图8-6所示。

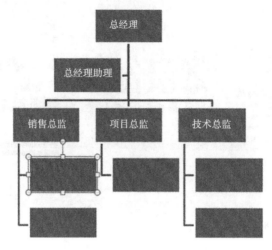

图 8-6

⑤在"设计"选项卡中"SmartArt样式"下单击"更改颜色"，在弹出的颜色列表中选择需要的颜色，如图8-7所示。

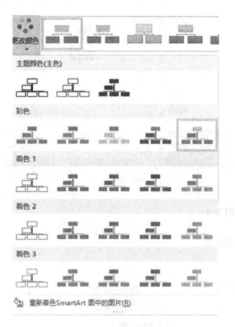

图 8-7

⑥在"设计"选项卡下单击"SmartArt样式"的右下角的小三角，在出现的下拉列表中选择"三维"中的"优雅"，如图8-8所示。

最后效果如图8-1所示。

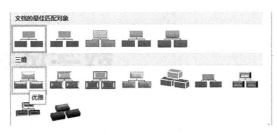

图 8-8

独当一面

肖萍公司要进行消防大检查，经理又给她布置任务了，制作一个消防检查安全的组织机构图，你来帮他完成吧。

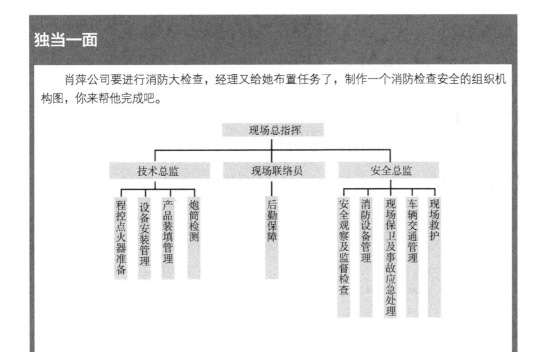

[实例九]

数学试卷的制作

每一个老师都需要出试卷，如何对试卷的版式进行合理布局是一件很头疼的事情，特别是数学老师，制作包含有各种数学符号的试卷更是困难。下面我们将学习用Word制作一张合格的数学试卷。

【职场再现】

王一是光明中学的数学老师，马上就要期中考试了，为了让学生们考出好成绩，王老师利用休息时间给学生们出了一套模拟数学考试题。

【信息收集】

王一收集了一些简单的选择题和计算题。

【任务展示】

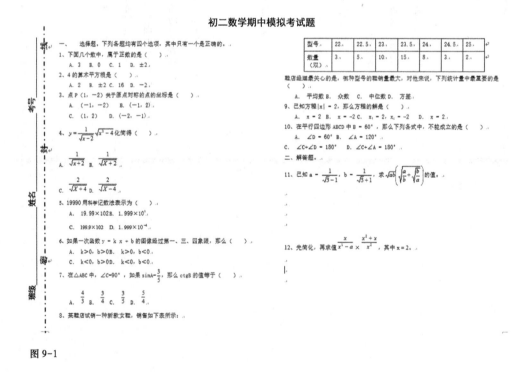

图 9-1

【任务实施】

本例是利用输入特殊字符和字母，以及使用公式编辑器制作一个数学试卷文档。

一、制作密封线部分

使用插入文本框功能，方法如下：

①单击"插入"选项卡下"文本"选项组中"文本框"下拉菜单里的"绘制竖排文本框"，如图9-2所示。

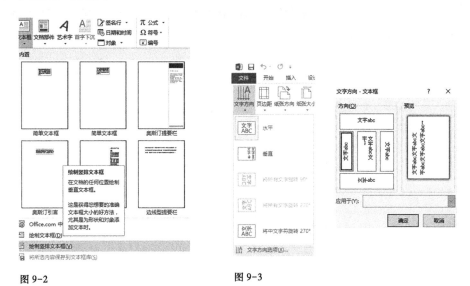

图 9-2　　　　　　　　　　　　图 9-3

②选择"页面布局"→"页面设置"→"文字方向"→"文字方向选项"，打开"文字方向"对话框（也可以单击"页面布局"→"文字方向"→"文字方向选项"），选择最左边的文字方式，如图9-3所示。

③在文本框中输入"班级""姓名""考号"，按回车键，单击鼠标右键，在快捷菜单中选择"插入符号"命令插入"不间断连字符"并在中间加上"密封线"3个字，如图9-4所示。

④去掉文本框边框，单击"文本框"，在"绘图工具→"格式"→"形状轮廓"中选择"无轮廓"，如图9-5所示。最终效果如图9-6所示。

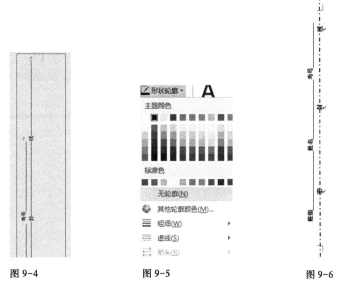

图 9-4　　　　　　　图 9-5　　　　　　　图 9-6

二、录入公式

图 9-7

在试卷中录入公式中需要使用公式编辑器。

①单击"插入"选项卡"文本"选项组里"对象",选择"对象"命令,如图9-7所示。

②在"对象"对话框中选择"Microsoft 公式3.0",然后单击"确定"按钮,如图9-8所示。

图 9-8

③利用公式编辑器输入公式,如图9-9所示。

图 9-9

友情提示

如果要修改公式,双击公式进入公式编辑器即可修改。

④采用相同方法录入所有的公式。

独当一面

王老师马上要讲不等式的问题了，他为了让同学们能较全面地掌握不等式问题，准备制作一张关于不等式练习题卷子，我们一起来帮他做一做吧！

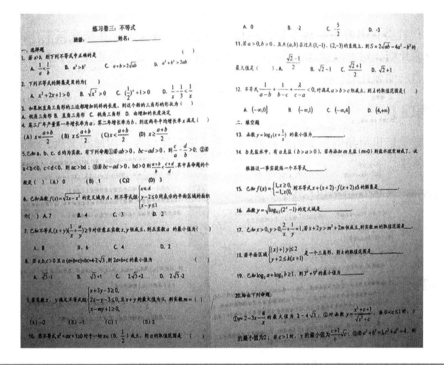

图文混排之名片的制作

在现代社会，名片是一种身份的载体，在接触新朋友时，在初次与工作伙伴见面时，互换名片能让对方迅速地了解自己，也便于以后的联系。下面就让我们一起来使用Word设计自己的名片吧！

【职场再现】

王晓是重庆市滑翔俱乐部的副总经理，为了更好地与客户沟通和交流，他为自己设计了一张名片。

【信息收集】

王晓是重庆市滑翔俱乐部的副总经理，在名片中自然少不了俱乐部的Logo，所以，王晓在制作名片前先收集了俱乐部的Logo图片。

【任务展示】

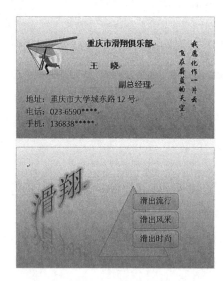

图 10-1

【任务实施】

本例是利用添加艺术字和文本框，以及在文档中插入图形、图像等操作制作的名片文档，实现图文混排。

①新建文档，选择"页面布局"→"页面设置"→"纸张大小"→"其他页面大小"，如图10-2所示。

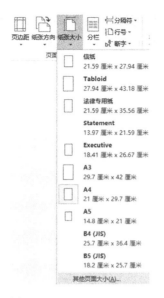

图 10-2

②在弹出的"页面设置"窗口中，选择"纸张"→"纸张大小"，在下拉菜单中选择"自定义大小"，将纸张大小设置为宽度为"9厘米"、高度为"5.4厘米"，如图10-3所示。

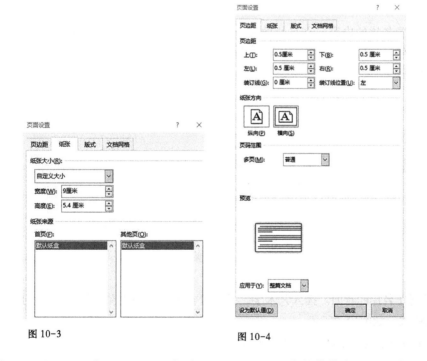

图 10-3　　　　　　　　　　　　　　　图 10-4

选择"页边距"，在"页边距"中设置上、下、左、右的值均为"0.5厘米"；"纸张方向"为"横向"，单击"确定"按钮，如图10-4所示。

③名片一般分为正反两面，将页面设置为2页。

④要使名片更具吸引力，可以在"页面设置/页面颜色"中给名片设置一个好看的背景颜色。选择"设计"→"页面背景"→"页面颜色"→"填充效果"→"预设渐变"，如图10-5所示。

图 10-5

⑤设置名片的内容。在名片的左上方插入公司的Logo图片；在页面中央绘制文本框，然后在文本框中输入"姓名""手机号码""公司名""地址"等一系列信息，如图10-6所示。

图 10-6   图 10-7

⑥制作名片的背面。插入艺术字，并设置艺术字的颜色和形状；插入图形，并设置图形的格式，如图10-7所示。

⑦最后完成名片的制作，如图10-1所示。

独当一面

　　王晓是健力俱乐部的老板，为了感谢多年来新老会员的支持，决定年底在俱乐部举行一次会员答谢会，需要制作答谢会的邀请卡，你们来帮帮他吧。

图文混排之复杂排版

在Word中，将图片和文字混合编排，并且整齐美观，似乎不是件容易的事。用普通方法编排图片和文字只能做一些较简单的编辑，所以掌握图文混排的技巧就很有必要了。今天我们就将学习使用Word软件的绘制表格功能，在文档中自由地绘制需要的表格来实现图文混排。

【职场再现】

马丽是一所幼儿园的老师，今天她想让孩子学习《草》这首古诗。为了让孩子们了解中国的古诗，对诗歌产生兴趣，决定使用Word来完成诗歌与图片的图文混排。

【信息收集】

马丽收集了和诗有关的两幅图片。

【任务展示】

窗前明月光，
疑是地上霜。
举头望明月，
低头思故乡。

离离原上草，
一岁一枯荣。
野火烧不尽，
春风吹又生。

图 11-1

【任务实施】

本例是利用表格或文本框对图片、文本进行的综合排版，同学们的学习重点在于形成一个自己的排版思路。

一、利用表格排版

①首先在Word文档中插入一个2行2列的表格。选择"插入"选项卡，在"表格"选项组中选择"插入表格"命令，如图11–2所示。

图 11-2

②在弹出的"插入表格"对话框中，设置"列数"为"2"，"行数"为"2"，如图11-3所示。最后单击"确定"按钮。

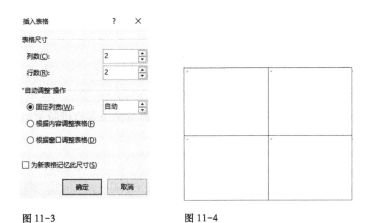

图 11-3   图 11-4

③这样我们就插入了一个2行2列的表格。选中表格，将光标移至表格的右下角，当光标变成倾斜的双向箭头时则可以拖动鼠标来调整表格大小，调整后的表格样式如图11-4所示。

④在表格中分别输入文字和插入图片，并对文字图片进行相应的调整，如图11-5所示。

图 11-5

⑤单击"设计"选项卡下"边框"选项组里的"边框"，在弹出的下拉列表中选择"无框线"即可，如图11-6所示。

⑥可以看到，Word中的表格边框就消失了，图文混合编排就完成了，如图11-1所示。

图 11-6

二、利用文本框排版

我们还可以利用文本框的方式来完成，其步骤与使用表格排版类似，这里就不重复讲解了。

独当一面

中国传统节日多种多样，是中国悠久历史文化的一个重要组成部分。马丽想让孩子们了解一下我们中国的传统节日，决定用Word制作一张关于中国传统节日的海报，你来帮帮她吧。

图文混排之对折页排版

一个公司的宣传对于公司的业务来说是很重要的，所以要想把自己公司的宣传做得有吸引力、引人注目，就得在宣传册上花心思了。

【职场再现】

张晓是心自由旅行社的一名宣传策划，最近公司准备开发丽江这条旅游线路，公司经理让他做一份关于丽江一些景点和价格的宣传册。他就利用所学的Word软件应用技术做了一份精美的折页宣传单。

【信息收集】

张晓根据经理的要求收集了很多关于丽江的文字和图片资料，并对所收集的资料进行了初步整理。

【任务展示】

图 12-1

【任务实施】

本例是根据宣传单的特点，利用艺术字、图片、文本框进行综合排版，体现在作品的对折页上。

一、页面的设置

设置纸张方向为横向，如图12-2所示。

图 12-2

二、制作封面

①插入艺术字，并设置艺术字的样式，如图12-3所示。

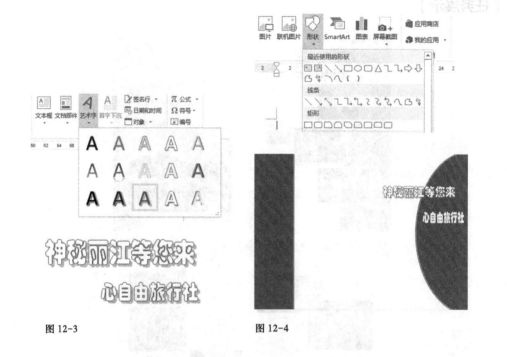

图 12-3   图 12-4

②在"形状"中选择合适的形状插入到PPT中，并为其填充颜色，如图12-4所示。
③插入下面的几张图片，并将其修改为浮于文字上方并摆好位置，如图12-5所示。

图 12-5

④插入文本框及文字，并设置好样式及位置，如图12-6所示。

图 12-6

⑤给封面做个对折分开，利用自选图形绘制直线，并设置直线的线型为虚线，如图12-7所示。

封面完成后的效果如图12-8所示。

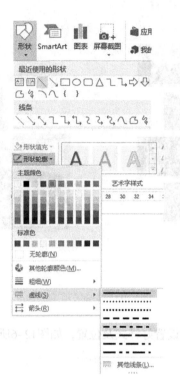

图 12-7

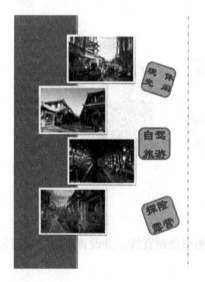

图 12-8

三、制作内页

根据样图所示，可采用之前所学文本框的排版方式制作内页内容，如图12-9所示。

图 12-9

独当一面

张晓做的折页宣传单美观大方，使报名丽江游的人越来越多。接下来公司要开发九寨沟的旅游线路，你来帮公司设计一个九寨沟的旅游宣传单吧！

Word多页图文混排

Word图文混排是Word中最常用到的功能，如何将多页的图文排得既美观又有条理，是非常有用的。本例通过制作宣传册，来学习Word中多页图文混排。

【职场再现】

王玲在一个旅游公司工作，为了提高公司九寨沟旅游的业务量，张经理让王玲做一本关于九寨沟的旅游宣传册。王玲决定用Word来完成这个任务。

【信息收集】

根据张经理的要求，王玲收集了有关九寨沟的文本资料和图片资料，并对所收集的资料进行了初步整理。

【任务展示】

图 13-1 　　　　　　　　　　图 13-2

图 13-3 　　　　　　　　　　图 13-4

图 13-5　　　　　　　　　　图 13-6　　　　　　　　　　图 13-7

【任务实施】

本例是利用艺术字、图片、文档格式进行的综合排版。

一、制作封面

①选择"插入"面板下"插图"组中的"图片"，调出"插入图片"对话框，如图 13-8所示。选中图片，单击"插入"。选中图片，选择"格式"面板，在图片样式中找到"棱台亚光，白色"，如图13-9所示。

图 13-8

图 13-9

②打开"插入"面板，从"插图"组中选择"形状"，调出下拉菜单，如图13-10所示。选择矩形，拖动鼠标绘制如图13-11所示矩形，在最下方矩形处右击，在弹出的快捷菜单中选择"设置形状格式"，如图13-12所示，调出"设置"面板，修改透明度，如图13-13所示。

图13-10 图13-11 图13-12

③插入4张图片。选中插入4张图的第1张图片，在"图片工具格式"面板的"排列"组中找到"自动换行"打开下拉菜单，选择"浮于文字上方"，如图13-14所示。按此方法，将另外3张图片均设置为浮于文字上方，调整好位置，效果如图13-15所示。

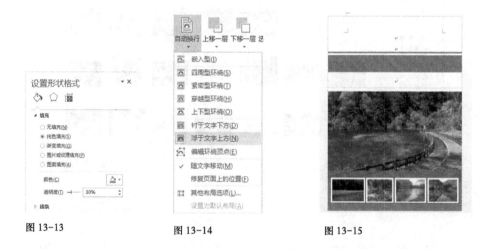

图13-13 图13-14 图13-15

④插入艺术字，为艺术字填充图片。打开"插入"面板，在"文本"组下"艺术字"下拉菜单中选择第一个艺术字效果，如图13-16所示，录入文本"神奇的九寨沟"，将字体改为"华文琥珀"；在艺术字工具格式面板中修改艺术字的填充与轮廓，如图13-17所示，最终效果如图13-18所示。

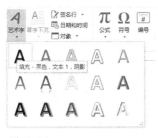

图 13-16 图 13-17 图 13-18

二、制作图片样式

①插入图片，将图片设置为衬于文字下方，将文字改为白色。为了使文字看得更清楚，为文字部分添加矩形形状背景，并设置填充颜色及透明度，效果如图13-19所示。

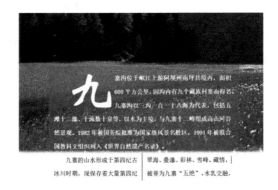

图 13-19

②插入相应图片，将图片设置为浮于文字上方或衬于文字下方，并设置图片样式、图片的叠放顺序和位置，效果如图13-20所示。

图 13-20

③插入图片，添加图片样式，修改图片的版式及叠放顺序，利用文本框添加文字效果，并设置好填充颜色及透明度，效果如图13-21所示。

图 13-21   图 13-22

④插入图片，在2张小图插入后分别为其添加图片样式，并插入2张大图确定好位置及叠放顺序。在2张大图的下一层添加一个白色矩形自选图形，再为自选图形添加阴影，效果如图13-22所示。

独当一面

王玲做的宣传册得到了孙经理的肯定，也得到了客户的好评，孙经理又要王玲在2天内做一本介绍沙坪坝磁器口的旅游宣传册。时间太紧张了，我们帮帮王玲吧!

Word窗体

Word窗体是一种文档形式，可以用来收集信息，主要用来收集封闭式客观题。例如，在调查问卷中，为了方便后期进行数据的统计与分析，我们不希望被调查者给出太多不一样的答案；或者在调查的过程中，我们希望给被调查者一些提示，这些都可以使用窗体来制作。

【职场再现】

孙小磊是启智问卷调查有限责任公司的一名新员工。孙小磊的工作是为需要做问卷调查的客户制作合理、方便的调查问卷。这一天，黄经理让孙小磊为桃李糕点食品有限公司制作一份调查问卷，并要求他与桃李糕点食品有限公司负责人杨经理取得联系，弄清楚公司想要了解的民众信息。

【信息收集】

孙小磊接到黄经理交代的任务，立即联系了桃李糕点食品有限公司负责人杨经理，经过与杨经理的交谈，了解到杨经理希望从问卷调查中得到以下信息：
- 桃李糕点在糕点行业的知名度。
- 顾客的购买喜好。
- 顾客购买时最重视的选择因素。
- 顾客比较喜欢哪些促销方式。

【任务展示】

面包糕点购买使用习惯调查问卷

您好，我们是启智问卷调查有限责任公司的工作人员，我们正在进行一项关于糕点产品的购买和饮食习惯的调查，想请您用几分钟时间帮忙填答这份问卷。本问卷实行匿名制，所有数据只用于统计分析，请放心填写。题目选项无对错之分，请您按自己的实际情况填写。谢谢您的帮助。调查表见图14-1。

Q1：请问一提到面包糕点，你首先会想到哪个品牌？(自由回答，最多写 5 个答案)			
单击此处输入文字。　　单击此处输入文字。　　单击此处输入文字。　　单击此处输入文字。　　单击此处输入文字。			
Q2：您买过哪些品牌的面包？（可多选）			
☐ 曼可顿	☐ 宾堡	☐ 百万庄园	☐ 桃李
☐ 義利	☐ 华生园	☐ 沁园	☐ 味全
☐ 米旗	☐ 康福	☐ 元祖	☐ 好利来
☐ 宫颐府	☐ 7-11	☐ 贝尔麦莎	☐ 其他

Q3：请问您最常在哪些地点购买糕点类产品？	选择一项。
Q4：请问您购买糕点类产品的频率是？	选择一项。
Q5：请问您每次购买数量是多少？	选择一项。

Q6：请问您通常会在什么时间/场合下吃成品面包(非蛋糕房/现场制作的面包)？(可多选)			
☐ 早餐	☐ 上午茶	☐ 午餐	☐ 下午茶
☐ 晚餐前	☐ 晚餐	☐ 夜宵	☐ 零食
☐ 外出游玩	☐ 从来不吃		

Q7：请问您购买成品面包糕点时，主要考虑哪些因素？(可多选)			
☐ 品牌	☐ 产地	☐ 价格	☐ 产品口味
☐ 产品口感	☐ 产品成分/配料	☐ 产品生产日期	☐ 产品保质期
☐ 新产品	☐ 产品规格	☐ 包装材质	☐ 广告
☐ 促销员推荐	☐ 其他		

Q 8：请问您购买成品糕点时，对以下促销活动的喜好程度如何？	
直接打折	选择一项。
买产品赠其他面包产品	选择一项。
买产品赠礼品	选择一项。
积分兑换吐司炉/面包机	选择一项。
现场试吃	选择一项。
抽奖促销	选择一项。

图 14-1

【知识要点】

本例中调查问卷的制作使用了Word窗体。Word窗体主要包括两部分，一部分是由窗体设计者输入的，包含希望得到回答的问题、选项列表、信息表格等，填写窗体的人无法更改具体的文字或图形，只能从给出的选项中选取。另一部分是由窗体填写者输入的，用于从填写窗体者处收集信息并进行整理的空白区域。窗体设计者可以在文档中插入窗体域或 ActiveX 控件，为窗体填写者提供用于收集数据的位置。

Word 2013窗体制作所要用到的控件的位置在"开发工具"面板的控件组下，如图 14-2所示。若是窗口上没有"开发工具"，选择"文件"→"选项"，打开"Word选项"对话框，在对话框中选择"自定义功能区"，在右侧找到"开发工具"并勾选，然

图 14-2

后单击"确定"按钮，如图14-3所示。

图 14-3

【任务实施】

一、插入窗体

1.添加文本控件

设置窗体限制编辑后，不可以在文档中自由录入内容，当需要调查对象自行录入时（如图14-4所示），可为其设置文本控制。找到"开发工具"面板，在"控件"组中单击"文本内容控件"，添加文本内容控件。选中所添加文本内容控件，选择"属性"，打开"属性"对话框，可对控件进行设置，如图14-5所示。

Q1：请问一提到面包糕点，你首先会想到哪个品牌？(自由回答，最多写 5 个答案)

单击此处输入文字。　　　单击此处输入文字。　　单击此处输入文字。　　单击此处输入文字。　　单击此处输入文字。

图 14-4

图 14-5

2.添加复选框内容控件

当需要调查对象多选时，可设置复选框内容控件，如图14-6所示。找到"开发工具"面板，在"控件"组中单击"复选框内容控件"，添加复选框内容控件。选中所添加复选框内容控件，选择"属性"，打开"内容控件属性"对话框，将选中标记改为☑，如图14-7所示。

Q2：您买过哪些品牌的面包？（可多选）。

□ 曼可顿	□ 宾堡	□ 百万庄园	□ 桃李
□ 義利	□ 华生园	□ 沁园	□ 味全
□ 米旗	□ 康福	□ 元祖	□ 好利来
□ 宫颐府	□ 7-11	□ 贝尔麦莎	□ 其他

图 14-6

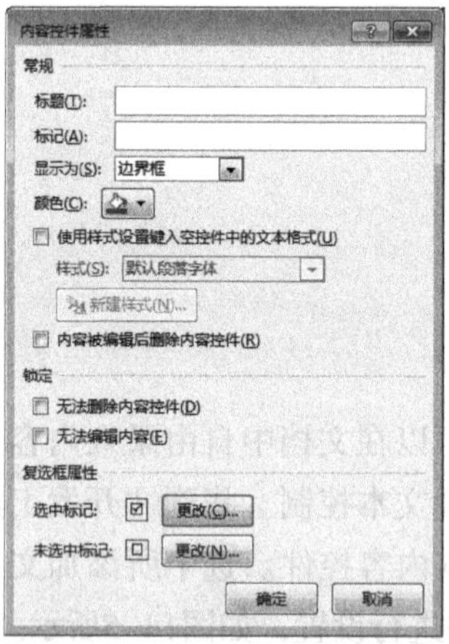

图 14-7

3.添加下拉列表内容控件

当需要调查对象单选时，可添加下拉列表内容控件，如图14-8所示。找到"开发工具"面板，在"控件"组中单击"下拉列表内容控件"，添加下拉列表内容控件。选中下拉列表内容控件，选择"属性"，打开"内容控件属性"对话框，如图14-9所示，添加相应取值，如图14-10所示。

Q 8：请问您购买成品糕点时，对以下促销活动的喜好程度如何？。	
直接打折。	选择一项。
买产品赠其他面包产品。	

图 14-8

图 14-9

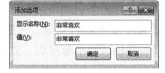

图 14-10

二、限制编辑

Word窗体设置好后，需要限制编辑才能真正起作用。找到"开发工具"面板，在"保护"组中单击"限制编辑"，调出"限制编辑"面板，如图14-11所示。勾选"仅允许在文档中进行此类型的编辑"，在下拉框中选择"填写窗体"，选择"是，启动强制保护"调出"启动强制保护"对话框，设置密码，如图14-12所示。被保护的文档除了插入的窗体部分，其他部分均不可修改。

图 14-11

图 14-12

独当一面

孙小磊的调查问卷得到了客户的肯定，黄经理又让孙小磊对海港大学附近的便利小超市面向学生做一个市场调查，了解便利小超市中可以开展哪些业务、学生购买物品的具体种类、学生的喜好等，请你帮助孙小磊为这个便利小超市拟定一份市场调查问卷吧。

NO.15

[实例十五]

Word样式

所谓样式，就是将修饰某一类段落的一组参数（其中包括字体类型、字体大小、字体颜色、对齐方式等）命名为一个特定的段落格式名称。样式就是指被冠以同一名称的一组命令或格式的集合。

【职场再现】

李小蕊是一家企业的文员，主要负责公司的文案工作。一天，张经理拿了一份公司管理制度素材文档，让小蕊排版，要求在半小时内完成。时间紧，小蕊应该怎么做呢?

【信息收集】

李小蕊拿到“公司管理制度”素材文档后，她认真地分析了这次工作的要求，对此做了如下具体安排：

•分析资料，整理制作思路。

•上网查找关于排版的技巧，从中找到快捷的方法。

【任务展示】

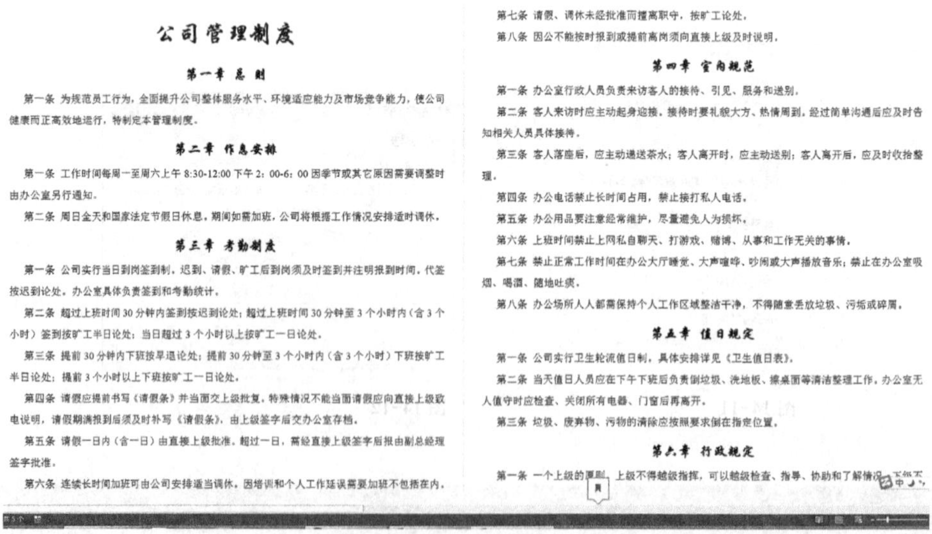

公司管理制度

第一章 总 则

第一条 为规范员工行为，全面提升公司整体服务水平、环境适应能力及市场竞争能力，使公司健康而正高效地运行，特制定本管理制度。

第二章 作息安排

第一条 工作时间每周一至周六上午 8:30-12:00 下午 2：00-6：00 因季节或其它原因需要调整时由办公室另行通知。

第二条 周日全天和国家法定节假日休息，期间如需加班，公司将根据工作情况安排适时调休，

第三章 考勤制度

第一条 公司实行当日到岗签到制，迟到、请假、旷工后到岗须及时签到并注明报到时间，代签按迟到论处。办公室具体负责签到和考勤统计。

第二条 超过上班时间 30 分钟内签到按迟到论处；超过上班时间 30 分钟至 3 个小时内（含 3 个小时）签到按旷工半日论处；当日超过 3 个小时以上按旷工一日论处。

第三条 提前 30 分钟内下班按早退论处；提前 30 分钟至 3 个小时内（含 3 个小时）下班按旷工半日论处；提前 3 个小时以上下班按旷工一日论处。

第四条 请假应提前书写《请假条》并当面交上级批复，特殊情况不能当面请假应向直接上级致电说明，请假期满报到后须及时补写《请假条》，由上级签字后交办公室存档。

第五条 请假一日内（含一日）由直接上级批准。超过一日，需经直接上级签字后报由副总经理签字批准。

第六条 连续长时间加班可由公司安排适当调休，因培训和个人工作延误需要加班不包括在内。

第七条 请假、调休未经批准而擅离职守，按旷工论处。

第八条 因公不能按时报到或提前离岗须向直接上级及时说明。

第四章 室内规范

第一条 办公室行政人员负责来访客人的接待、引见、服务和送别。

第二条 客人来访时应主动起身迎接，接待时要礼貌大方、热情周到，经过简单沟通后应及时告知相关人员具体接待。

第三条 客人落座后，应主动递送茶水；客人离开时，应主动送别；客人离开后，应及时收拾整理。

第四条 办公电话禁止长时间占用，禁止接打私人电话。

第五条 办公用品要注意经常维护，尽量避免人为损坏。

第六条 上班时间禁止上网私自聊天、打游戏、赌博、从事和工作无关的事情。

第七条 禁止正常工作时间在办公大厅睡觉、大声喧哗、吵闹或大声播放音乐；禁止在办公室吸烟、喝酒、随地吐痰。

第八条 办公场所人人都需保持个人工作区域整洁干净，不得随意丢放垃圾、污垢或碎屑。

第五章 值日规定

第一条 公司实行卫生轮流值日制，具体安排详见《卫生值日表》。

第二条 当天值日人员应在下午下班后负责倒垃圾、洗地板、擦桌面等清洁整理工作，办公室无人值守时应检查、关闭所有电器、门窗后再离开。

第三条 垃圾、废弃物、污物的清除应按照要求倒在指定位置。

第六章 行政规定

第一条 一个上级的原则，上级不得越级指挥，可以越级检查、指导、协助和了解情况，下级不

图 15-1

【任务实施】

本例中涉及的知识点有新建样式、运用内置样式排版、修改样式等。

一、新建样式

①打开"公司管理制度"素材文档，切换到"开始"功能选项卡，单击"样式"功能组右下角的箭头，在弹出的下拉菜单中单击"新建样式"按钮。

②在打开的"根据格式设置创建新样式"对话框中的"名称"文本框中输入样式名称"员工手册"，如图15-2所示。

图 15-2

③在"样式类型"下拉列表框中，通过选择不同的选项来定义所选样式的类型。

④在"样式基准"下拉列表框中，选择样式所基于的选择，设置基于现有的样式而创建的一种新样式。

⑤在"后续段落样式"下拉列表框中，选择应用该样式段落的后续段落的样式。

⑥在"格式"栏下设置字体为"宋体"，字号为"五号"，单击"格式"按钮，在弹出的下拉菜单中选择"段落"选项。

⑦单击"格式"按钮，从下拉菜单中选择"段落"，打开"段落"对话框，在"缩进"栏下设置特殊格式为"首行缩进"，磅值为"0.75厘米"，单击"确定"按钮，返回"根据格式创建新样式"对话框，如图15-3所示。

⑧单击"格式"按钮，在弹出的下拉菜单中选择"快捷键"选项，打开"自定义键盘"对话框，在"指定键盘顺序"文本框中输入"Ctrl+D"。

⑨在"将更改保存在"列表框中选择"公司管理

图 15-3

制度"选项,单击"确定"按钮,如图15-4所示。

⑩单击"关闭"按钮,返回"根据格式设置创建新样式"对话框,单击"确定"按钮。

⑪再次单击"新建样式"按钮,打开"根据格式设置创建新样式"对话框,在"名称"文本框中输入样式名称"项目符号",单击"格式"按钮,在弹出的下拉菜单中选择"编号"选项。

⑫打开"编号与项目符号"对话框,选择"项目符号"选项卡,在其中选择一种项目符号,单击"确定"按钮,完成新建样式操作,如图15-5所示。

图 15-4

图 15-5

二、使用样式排版

图 15-6

①选择要套用样式的"序言"文本,在"样式"功能组中的"样式"列表框中选择"标题"选项,即可为选择的文本应用内置样式。

②将光标定位在需要应用样式的段落,按定义的快捷键"Ctrl+D",将光标定位在需要应用"项目符号"的位置,在"样式"列表框中选择"项目符号"选项,如图15-6所示。应用新建样式后的效果如图15-7所示。

③修改"样式"中字体。在"快速样式"列表框中选择"副标题"选项,单击倒三角,选择"修改"按钮,打开"样式"对话框,单击"格式"按钮,在弹出的下拉菜单中选择"字体"选项,打开"字体"对话框,如图15-8所示。设置中文字体为"华文隶书",字形为"常规",字号为"小四"。依次单击"确定"按钮,返回文档中。

图 15-7

图 15-8

独当一面

李小蕊完成了经理交给的工作，得到了经理的肯定。经理让小蕊以后主要负责公司领导会议总结以及相关文件的整理。为了以后更出色地完成任务，小蕊又做了一份主管入职报告的样式，来熟练这方面的操作。我们也一起来做一做。

Word目录

目录，是指书籍正文前所载的目次，是揭示和报道图书内容的工具。目录按照一定的次序编排而成，便于读者了解图书的内容和结构。

【职场再现】

李小蕊升为小主管后，对工作的要求也越来越高，当她再次看见这个"公司管理制度"时，她觉得自己做得不够好，于是她对"公司管理制度"进行了完善。

【信息收集】

李小蕊发现这个管理制度没有目录，在某些地方也没有批注，她针对这几点进行了如下调整：

- 整理"公司管理制度"内容，了解制度所写内容。
- 添加"公司管理制度"的目录。
- 在必要的地方插入批注。

【任务展示】

图 16-1

【任务实施】

本例中涉及的知识点有快速查看文档、目录和批注的应用等。

一、快速查找

①打开 "公司管理制度" 文档，选择 "视图" 选项卡。

②在 "显示" 功能组中选中 "导航窗格" 复选框，将在窗口左侧显示 "导航" 窗格。

③单击左侧的 "导航" 窗格中的内容后，文档中将显示相应的内容，如图16-2所示。

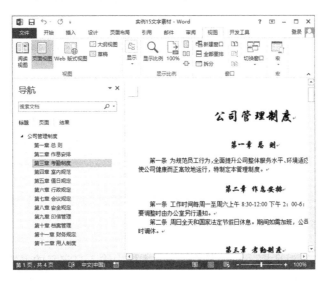

图 16-2

④单击 "视图" 功能组中的 "大纲视图" 按钮，在 "显示级别" 下拉列表框中选择显示的级别 "2级"，如图16-3所示。

图 16-3

⑤选择需要更改的项目，单击 "大纲工具" 功能组中相应的按钮即可调整内容在文档中的位置或提升和降低项目级别。

⑥选择如图16-4所示的文本，选择 "插入" 功能选项卡，在 "链接" 功能组中单击 "书签" 按钮。

图 16-4

⑦打开"书签"对话框，在"书签名"文本框中输入自定义的书签名称，如"用人制度"，如图16-5所示。

图 16-5

⑧单击"添加"按钮，即可将书签添加到文档中。

⑨将文本插入点定位在添加书签的文档中的任意位置，单击"链接"功能组中的"书签"按钮，打开"书签"对话框。

⑩在"书签名"文本框下方的列表框中选择需要定位的书签名称，如"用人制度"，如图16-6所示。

⑪单击"定位"按钮，文档将快速定位到"用人制度"书签所在的位置，如图16-7所示。

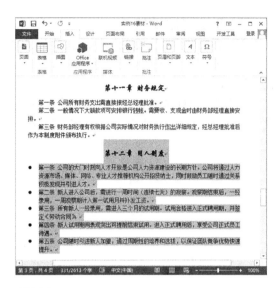

图 16-6

图 16-7

二、制作目录

①将文本插入点定位在文档最前面需要插入目录的位置，选择"引用"功能选项卡，在"目录"功能组中单击"目录"按钮，在弹出的下拉菜单中选择"自动目录1"选项。

②返回到文档中，即可看到添加目录后的效果，如图16-8所示，按住"Ctrl"键的同时单击要查看的目录。将自动跳转到该目录对应的文档中。

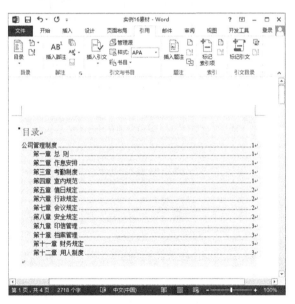

图 16-8

提示

插入目录前须在文档中加入样式。

三、插入和修改批注文档

①选择要进行批注的文本，如对"用人制度"第三条中"《劳动合同》"进行批注。

②选取《劳动合同》，选择"审阅"功能选项卡，在"批注"功能组中单击"新建批注"按钮。

③在文档的右侧会出现一个批注框，如图16-9所示，在批注框中直接输入需要进行批注的内容："正式聘用后，一切按劳动合同规定执行"。

图16-9

④在页面视图状态下，在"审阅"功能与选项卡"修订"功能组中单击"显示标记"按钮，在弹出的下拉菜单中执行"批注框"→"以嵌入方式显示所有修订"菜单命令，将添加的批注以嵌入方式显示。

⑤设置嵌入方式后，在文档中只能看见添加批注的文本的底纹呈红色显示，效果如图16-10所示，当鼠标指针移至批注文本处时，系统会自动显示添加的批注文本内容。

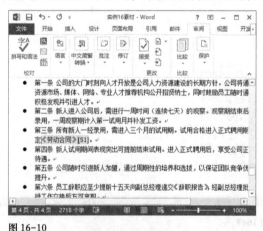

图16-10

独当一面

李小蕊再一次出色地完成了自己的工作，对文档的操作也越来越熟练，她又接到了一份任务，制作一份公司介绍，供外来人员阅读，你来帮帮她吧。

初识Excel 2013

Excel 2013是一款功能强大的电子表格制作软件，在公司、企业、政府机关等行业应用中发挥着重要作用，利用它可以综合管理和分析公司的全部业务数据，从而提高企业内部的信息沟通效率，节省时间与金钱，还可以建立完善的数据库工作系统，进行统筹运用。

【职场再现】

晓彤今年从中职学校毕业，在一所学校做学籍管理员。晓彤的工作主要是负责整理学生的基本信息以及统计学生的流动情况等。

【信息收集】

晓彤准备建立一个学生档案来管理学生信息，以下是她做的一些准备工作：

• 设置学生档案里的内容：姓名、性别、家庭住址、本人电话、家长电话、出生日期等。

• 到部门收集学生资料。

【任务展示】

学生档案

图 17-1

【任务实施】

本例中涉及的知识点有文本数据的输入、普通数字数据的输入和特殊数据的输入等。

一、输入文本数据

①双击打开Excel 2013，系统将自动新建工作簿，并命名为"Book1"。

②单击A1单元格，在数据输入框中输入"学生档案管理表"，如图17-2所示。

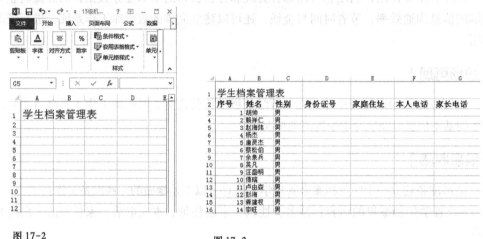

图 17-2   图 17-3

③按"Enter"键确认输入的内容，同时自动向下激活A2单元格，直接输入文本"序号"。

④按"Tab"键确认输入的内容，同时自动向右激活B2单元格并双击该单元格，输入"姓名"，调整单元格宽度到合适的位置。

⑤利用相同的方法，在表格中输入其他文本数据，如图17-3所示。

二、输入数字数据

①选择F3单元格，将文本插入点定位在数据输入框中，输入数字"13823467521"，如图17-4所示。

图 17-4

②按"Enter"键确认输入的内容，利用相同的方法在表格中输入其他数字数据。

三、输入特殊数字数据

①将鼠标移动到D列上方，当鼠标变为⬇形状时，单击鼠标选中"身份证号码"所在的D列单元格。

②在"单元格"功能组中单击"格式"按钮，在弹出的下拉菜单中选择"设置单元格格式"选项，打开"设置单元格格式"对话框，选择"数字"选项卡。

③在"分类"列表框中选择"文本"选项，如图17-5所示。

图 17-5

④单击"确定"按钮返回，在其中输入学生的身份证号码即可。

⑤选择"出生日期"所在的E列单元格，单击鼠标右键，在弹出的快捷菜单中选择"设置单元格格式"选项，打开"设置单元格格式"对话框，选择"数字"选项卡。

图 17-6

⑥在其中的分类列表框中选择"日期"选项，在右侧的"类型"列表框中选择一种日期类型，如图17-6所示。

⑦单击"确定"按钮，返回Excel电子表格，在其中输入"2000-3-17"，单元格中即可显示为"2000年3月17日"样式。用相同的方法输入其他日期。

⑧在"联系电话"栏下输入电话号码即可完成电子表格的制作。

⑨单击"Office"按钮，在弹出的下拉菜单中选择"另存为"选项将文件保存为"学生信息档案.xlsx"工作簿。

友情提示

将鼠标移动到D列和E列中间，当光标变为 ←→ 形状时，按住鼠标左键向左右拖动鼠标，即可调整单元格的大小。

独当一面

晓彤制作的学生信息档案得到了老师的肯定，老师又交代了新任务给晓彤，让晓彤当班主任助理，负责帮老师统计班级数据。我们和晓彤一起来做做吧。

Excel基本操作

查找与替换是编辑处理过程中经常要执行的操作，在Excel中除了可查找和替换文字外，还可查找和替换公式与附注，其应用更为广泛，进一步提高了编辑处理的效率。利用这些功能，我们能够迅速地查找除Visual Basic 模块以外的，所有工作表中都有的特殊字符的单元格。我们可以在一张工作表内的所有单元格中，或者在工作表的一个选定区域中，或者在一张工作表或工作表组的当前选定区域中，用另一串字符替换现有的字符，也可寻找和选定具有同类内容的单元格。

【职场再现】

吴小军是一家企业的仓库管理员，主要负责制作产品入库记录电子表格，记录仓库货物的进出等情况。吴小军现接到经理的通知，发现产品入库记录的文字有问题，而且表格中的数据也需要更改，并进一步完善。

【信息收集】

吴小军是一个很细心的人，在工作开始之前，他做了如下准备：

- 整理近期入库产品单据。
- 检查货物数量与名称。
- 一一检查过后进行对比，找出问题。

【任务展示】

	材料入库明细表								
单据号	开单日期	供应商名称	商品编码	商品名称	规格型号	数量	单价	金额	
LO-002009040501	2009年4月5日	正大集团	A-0001	U型螺丝	16x750/250	10	10.00	100.00	
LO-002009040501	2009年4月5日	正大集团	A-0002	U型螺丝	16x640/220	10	9.00	90.00	
LO-002009040501	2009年4月5日	正大集团	A-0003	U型螺丝	16x540/180	10	8.00	80.00	
LO-002009040501	2009年4月5日	正大集团	A-0004	U型螺丝	16x450/145	10	7.00	70.00	
LO-002009040501	2009年4月5日	正大集团	B-0001	单针顶戈	50x5/165	10	18.00	180.00	
LO-002009040501	2009年4月5日	正大集团	B-0002	单针顶戈	60x6/200	10	27.00	270.00	
LO-002009040501	2009年4月5日	正大集团	B-0003	双针顶戈	60x6/200	10	33.00	330.00	
LO-002009040501	2009年4月5日	正大集团	C-0001	双回路横担	70x7/2.1m	10	89.70	897.00	
LO-002009040501	2009年4月5日	正大集团	C-0002	单挑横担	60x6/1.85/220	10	58.00	580.00	
LO-002009040501	2009年4月5日	正大集团	C-0003	单挑横担	50x5/1.4m	10	32.00	320.00	
LO-002009040501	2009年4月5日	正大集团	C-0004	四线横担	60x6/1.4m	10	50.00	500.00	
LO-002009040501	2009年4月5日	正大集团	C-0005	四线横担	50x5/1.4m	10	40.00	400.00	
LO-002009040501	2009年4月5日	正大集团	C-0006	高压横担	70x7/1.5m/220	10	65.00	650.00	
LO-002009040501	2009年4月5日	正大集团	C-0010	自身拉	60x6/1.4m	10	50.00	500.00	
LO-002009040501	2009年4月5日	正大集团	C-0011	斜撑	50x5/1.85m	10	40.00	400.00	
LO-002009040501	2009年4月5日	正大集团	C-0012	斜撑	40x4/1.2m	10	16.00	160.00	
LO-002009040501	2009年4月5日	正大集团	C-0013	接线三角铁	三线三足	10	23.00	230.00	
LO-002009040501	2009年4月5日	正大集团	C-0014	接户线三角铁	三线角座	10	25.00	250.00	
LO-002009040501	2009年4月5日	正大集团	C-0015	接户线三角铁	二线三足	10	12.00	120.00	
LO-002009040501	2009年4月5日	正大集团	C-0016	接户线三角铁	二线角座	10	17.00	170.00	
LO-002009040501	2009年4月5日	正大集团	A-0001	实木地板	16x750/250	10	10.00	100.00	
LO-002009040501	2009年4月5日	正大集团	A-0002	复合木地板	16x640/220	10	9.00	90.00	
LO-002009040501	2009年4月5日	正大集团	A-0003	软地板	16x540/180	10	8.00	80.00	

图 18-1

【任务实施】

本例中涉及的知识点有查找与替换、删除数据和冻结表格等。

一、查找与替换

①双击打开"材料出入库统计表"电子表格。

②在"开始"选项卡的"编辑"功能组中单击"查找和选择"按钮，在弹出的下拉菜单中选择"查找"选项。

③在打开的"查找与替换"对话框的"查找内容"下拉列表框中输入"座便器"，单击"查找全部"按钮。

④选择"替换"选项卡，在"替换为"下拉列表框输入"坐便器"，单击"全部替换"按钮，如图18-2所示。

图 18-2

⑤替换完成后，出现信息提示框，单击"确定"按钮确认替换，返回"查找和替换"对话框，单击"关闭"按钮即可完成替换。

二、删除数据和冻结表格

①将鼠标指针移动到行号（如"1"）上，当其变为➡形状时单击鼠标即可选择整行表格。

②在"开始"选项卡的"单元格"功能组中单击"删除"按钮，在弹出的下拉菜单中选择"删除单元格"选项，即可删除该行单元格。

③拖动鼠标选择要清除的单元格区域，单击"数据编辑栏"中的"清除"按钮，在弹出的下拉菜单中选择"全部清除"选项即可清除单元格区域中的数据和格式。

④选择整张工作表，选择"视图"选项卡，在"窗口"功能组中单击"冻结窗格"按钮下■的倒三角，在弹出的下拉菜单中选择"冻结首行"选项。此时，在首行单元格下将出现一条黑色的横线，滚动鼠标滚轴或拖动垂直滚动条查看表中的数据，首行的位置始终保持不变。

独当一面

吴小军的工作得到了领导的肯定，领导决定调吴小军去分公司担任仓库负责人，对仓库的货物进行统计，并随时记录货物的进出情况，掌管仓库的一切事宜。你来帮他做一张仓库货物统计表吧。

Excel记录单

Excel记录单能够对数据进行统计，本例通过一个汽车经销商利用Excel记录单对每个季度各类汽车销售情况进行统计，来讲述Excel记录单的使用方法。

【职场再现】

张小明是一家汽车销售公司的销售员，除了日常的销售工作以外还负责销售额的统计等工作。现在又到了制作季度销售统计表的时候，张小明又要开始忙碌起来了。

【信息收集】

- 张小明收集了这个季度的销售记录。
- 用记录单来录入数据。

【任务展示】

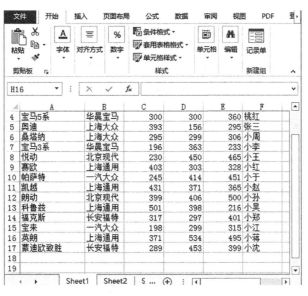

图 19-1

【任务实施】

本例中涉及的知识点是记录单的使用。

①单击"文件"按钮，在弹出的下拉菜单中选择"选项"。

②在打开的"选项"对话框中选择"自定义功能区"选项卡，在"从下列位置选择命令"下拉列表框中选择"所有命令"选项，在其下的列表框中选择"记录单"选项，

单击"添加"按钮将其添加到右侧的列表框中，如图19-2所示。

③单击"确定"按钮，选择"A2：F17"单元格区域中的任意单元格，在快速访问工具栏中单击"记录单"按钮 。

④在打开的对话框中单击"新建"按钮，打开"新建记录"对话框，在其中输入相应的数据信息，如图19-3所示。

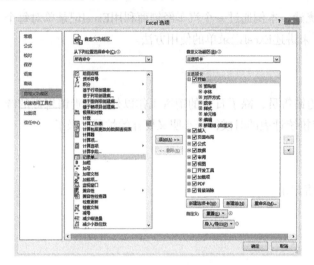

图 19-2   图 19-3

⑤完成数据输入后，按"Enter"键，继续输入另一名员工的销售情况。

⑥单击"条件"按钮，打开"输入查找条件"对话框，在"业务员"文本框中输入"小李"，按"Enter"键，Excel将自动查找符合条件的记录并显示出来，如图19-4所示。

图 19-4   图 19-5

⑦单击"删除"按钮，打开"提示"对话框，单击"确定"按钮将其删除，然后单击"关闭"按钮将"记录单"对话框关闭即可，如图19-5所示。

独当一面

张小明出色地完成了任务，经理把年终绩效统计的工作也交给了张小明，你来帮帮他吧。

Excel美化表格

电子表格的应用越来越广泛，人们不再局限于数据、文字等枯燥的内容，开始在电子表格里加入图片、艺术字等元素，让表格看起来不那么冰冷、枯燥。

【职场再现】

张涛受朋友之托要对一个汽车销售业绩表进行美化，使这个表格能吸引眼球。美化表格有很多种方法，我们来看看张涛采用了哪些方法。

【信息收集】

张涛收到电子表格后根据表格的内容和布局，收集了如下信息：

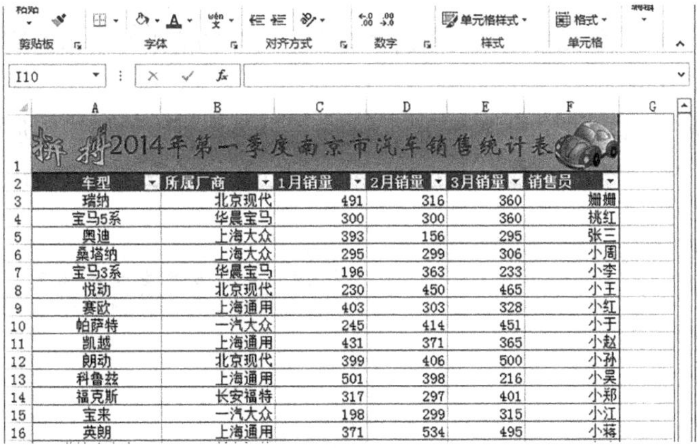

• 询问对方对销售统计表有什么要求。

• 询问身边的人喜欢什么样的电子表格。

张涛有了大致的想法之后，作出了如下的安排：

• 标题和正文在字号、颜色等方面做了区分。

• 使用自动套用格式让表格更规整。

• 插入图片和艺术字让表格变得更生动。

【任务展示】

图 20-1

【任务实施】

本例中涉及的知识点有设置表格格式、自动套用表格格式与插入图片与艺术字的方法等。

一、设置表格格式

①选择"2014年第一季度南京汽车销售统计表"所在单元格，单击"字体"工具栏右下角的箭头，打开"设置单元格格式"对话框，选择"字体"选项卡。

②在"字体""字形"和"字号"列表框中分别选择"华文新魏""常规""20"选项，在"颜色"下拉表中选择"红色"，如图20-2所示。

图 20-2

③设置完成后，单击"确定"按钮，即可在预览中看到应用字体格式后的效果，如图20-2所示。

④选择"A2: F2"单元格区域，选择"开始"选项卡，在"对齐方式"功能组中单击"居中"按钮即可设置数据居中对齐。

⑤选择"B2: B17"单元格区域，选择"开始"选项卡，在"对齐方式"功能组中单击"居中"按钮即可设置数据居中。

⑥选择"A1: F1"单元格区域，单击"对齐方式"功能组右下角的箭头，打开"设置单元格格式"对话框。

⑦选择"边框"选项卡，在"预置"栏中单击"外边框"按钮，添加的边框效果将显示在预览框中，在"样式"列表框中选择一个较粗的线条样式，如图20-3所示。

图 20-3

	A	B	C	D	E	F
1	2014年第一季度南京市汽车销售统计表					
2	车型	所属厂商	1月销量	2月销量	3月销量	销售员
3	瑞纳	北京现代	491	316	360	姗姗
4	宝马5系	华晨宝马	300	300	360	桃红
5	奥迪	上海大众	393	156	295	张三
6	桑塔纳	上海大众	295	299	306	小周
7	宝马3系	华晨宝马	196	363	233	小李
8	悦动	北京现代	230	450	465	小王
9	赛欧	上海通用	403	303	328	小红
10	帕萨特	一汽大众	245	414	451	小于
11	凯越	上海通用	431	371	365	小赵
12	朗动	北京现代	399	406	500	小孙
13	科鲁兹	上海通用	501	398	216	小吴
14	福克斯	长安福特	317	297	401	小江
15	宝来	一汽大众	198	299	315	小江
16	英朗	上海通用	371	534	495	小幂
17	蒙迪欧致胜	长安福特	289	453	399	小沈
18						
19						
20						

图 20-4

⑧在"颜色"下拉列表框中选择"红色"选项,单击"确定"按钮,如图20-3所示。

⑨返回电子表格,设置边框后的效果如图20-4所示。

⑩选择"A1:F1"单元格区域,单击"对齐方式"功能组右下角的箭头,打开"设置单元格格式"对话框。

⑪选择"填充"选项卡,单击"填充效果"按钮,打开"填充效果"对话框。在其中的"颜色1"下拉列表框中选择"紫色"选项,在"颜色2"下拉列表框中选择"水绿色"选项;在"底纹样式"中选中"中心辐射"单选按钮,如图20-5所示。

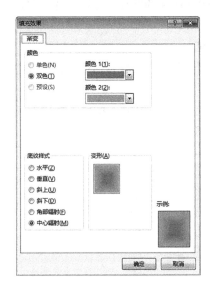

图 20-5

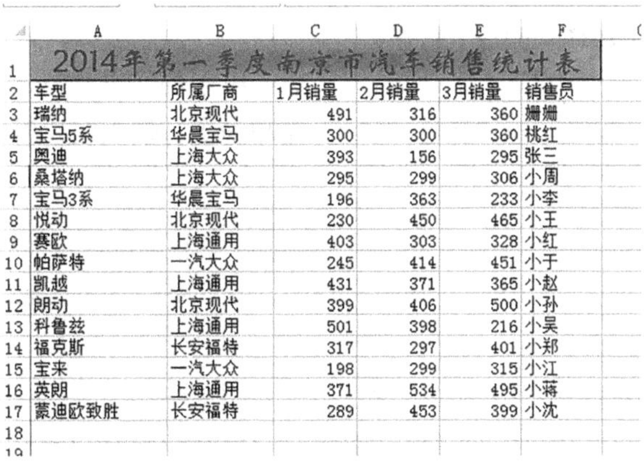

图 20-6

⑫单击"确定"按钮,返回"设置单元格格式"对话框,单击"确定"按钮返回电子表格,填充图案后的效果如图20-6所示。

二、自动套用格式

①选择"A2:F17"单元格区域。

②单击"样式"功能组中的"套用表格格式"按钮,在弹出的下拉列表中选择需要套用的样式,如图20-7所示。

图 20-7

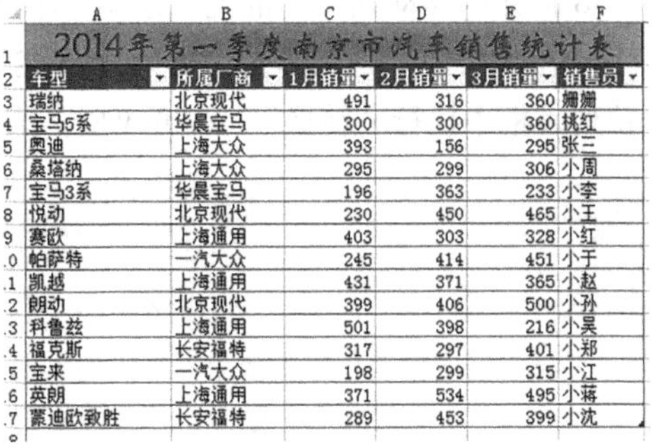

图 20-8

③此时打开"套用表格式"对话框，单击"确定"按钮，套用格式后的效果如图20-8所示。

三、插入图片和艺术字

①将光标移动到行号"2"和"3"之间，当其变为↨形状时，按住鼠标向下拖动，调整行高到合适位置。

②选择"A1：F1"单元格区域，选择"插入"选项卡，在"插图"功能组中单击"图片"按钮，在弹出的"插入图片"对话框中选择图片所在的路径，选择图片，单击"插入"按钮即可。

③拖动图片的4个角点，调整图片大小到合适的位置。

④在"格式"选项卡的"调整"功能组中单击"颜色"按钮，在弹出的下拉列表框中选择"冲蚀"选项。

⑤单击"图片样式"功能组中的"图片效果"按钮，在弹出的下拉列表框中执行"发光"→"蓝色、11pt"菜单命令，插入图片后的效果如图20-9所示。

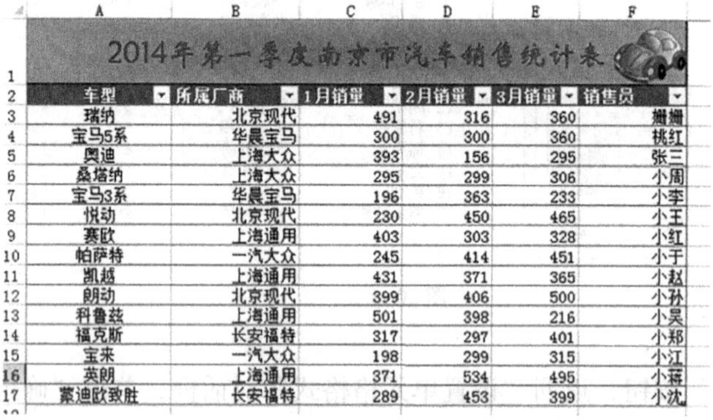

图 20-9

⑥单击任意单元格，即可退出图片编辑状态。

⑦在"插入"选项卡中选择"艺术字"菜单，在弹出的下拉列表框中选择一种艺术字效果，在表格中出现"艺术字编辑"文本框。在其中输入文本"拼搏"，选中文本并选择"开始"选项卡，在"字体"功能组中设置字体为"华文新魏"，字号为"24"。

⑧将光标移动到文本框上，拖动艺术字到适当的位置。

⑨在"格式"选项卡的"艺术字样式"功能组中单击"文本效果"按钮，在弹出的下拉列表框中执行"转换"→"倒V型"菜单命令，插入艺术字后的效果如图20-1所示。

独当一面

张涛将表格美化后的效果很好，他的朋友很满意。如果给你一份这样的表格，你会进行怎样的设计呢？这里有一份"员工年度综合评估统计表"，请你按照自己的想法去完成你的作品。

[实例二十一]

NO.21

Excel基本计算

公式是指在工作表中对数据进行分析计算的算式，可进行加、减、乘、除等运算，也可在公式中使用函数。公式要以等号（=）开始。

函数是预先编制的用于对数据求值计算的公式，包括数学、三角、统计、财务、时期及时间函数等。

【职场再现】

赵磊是一名高中生，期中考试后，他接到了班主任交给他的任务，统计全班同学的各科成绩。

【信息收集】

赵磊得到任务后便开始做准备，首先要确定哪些成绩要求和，哪些成绩要求平均值，哪些成绩要求最大值，哪些成绩要求最小值。以下是他准备的要点：

- 从班主任那里找来全班同学的名单。
- 从老师那里收集每名同学的各科分数。
- 整理成绩。

【任务展示】

成绩单

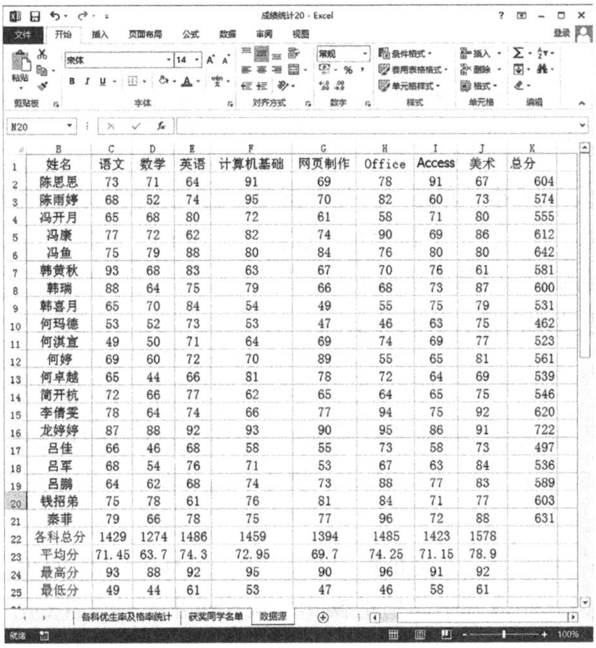

	B	C	D	E	F	G	H	I	J	K
1	姓名	语文	数学	英语	计算机基础	网页制作	Office	Access	美术	总分
2	陈思思	73	71	64	91	69	78	91	67	604
3	陈雨婷	68	52	74	95	70	82	60	73	574
4	冯开月	65	68	80	72	61	58	71	80	555
5	冯康	77	72	62	82	74	90	69	86	612
6	冯鱼	75	79	88	80	84	76	80	80	642
7	韩黄秋	93	68	83	63	67	70	76	61	581
8	韩瑞	88	64	75	79	66	68	73	87	600
9	韩喜月	65	70	84	54	49	55	75	79	531
10	何玛德	53	52	73	53	47	46	63	75	462
11	何淇宣	49	50	71	64	69	74	69	77	523
12	何婷	69	60	72	70	89	55	65	81	561
13	何卓越	65	44	66	81	78	72	64	69	539
14	简开杭	72	66	77	62	65	64	65	75	546
15	李倩雯	78	64	74	66	77	94	75	92	620
16	龙婷婷	87	88	92	93	90	95	86	91	722
17	吕佳	66	46	68	58	55	73	58	73	497
18	吕军	68	54	76	71	53	67	63	84	536
19	吕鹏	64	62	68	74	73	88	77	83	589
20	钱招弟	75	78	61	76	81	84	71	77	603
21	秦菲	79	66	78	75	77	96	72	88	631
22	各科总分	1429	1274	1486	1459	1394	1485	1423	1578	
23	平均分	71.45	63.7	74.3	72.95	69.7	74.25	71.15	78.9	
24	最高分	93	88	92	95	90	96	91	92	
25	最低分	49	44	61	53	47	46	58	61	

图 21-1

【任务实施】

本例中涉及的知识点有函数的使用方法和公式的使用方法等。

一、函数的使用

①双击打开"成绩单"电子表格。

②选中"K2"单元格，单击"开始"菜单下的"编辑"功能组中"自动求和"旁边的"倒三角"按钮，在弹出的下拉菜单中选择"求和"，如图21-2所示。

③框选求和区域，按"Enter"键，完成求和。

④将鼠标光标移动到"M2"单元格右下角的填充柄上，当鼠标变成"╈"时，按住鼠标左键向下拖曳，完成相同区域的求和。

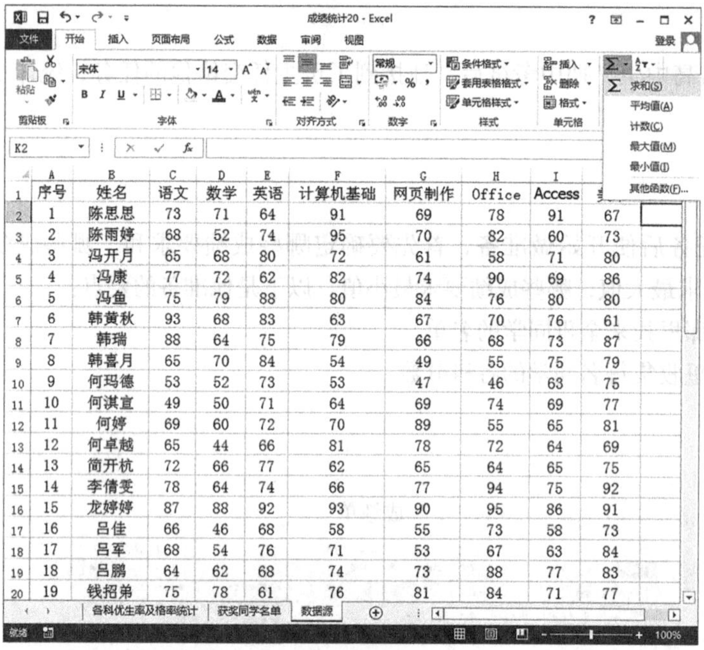

图 21-2

⑤选中"C22"单元格，单击"开始"菜单下的"编辑"功能组中"自动求和"旁边的"倒三角"按钮，在弹出的下拉菜单中选择"平均值"，按"Enter"键，完成求平均值。快速求其他科的平均值的方法如上。

⑥用相同的方法求出最大值和最小值。

二、公式的应用

①选中"M2"单元格，在地址栏中输入"=C2+D2+E2+F2+G2+H2+I2+J2"或者用鼠标点选，然后按"Enter"键，完成求和。快速求出其他学生的总成绩的操作方法同上，如图21-3所示。

②选中"C55"单元格，在地址栏中输入"=（C2+…+C21）/20"或者用鼠标框选，然后按"Enter"键，完成求平均值的操作，快速求出其他学生的平均成绩的操作方法同上。

③最大值和最小值的操作也是采用同样的方法。

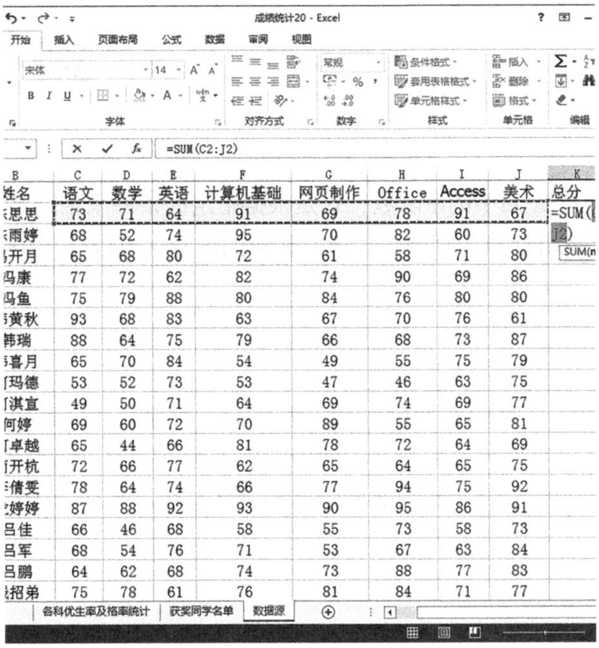

姓名	语文	数学	英语	计算机基础	网页制作	Office	Access	美术	总分
思思	73	71	64	91	69	78	91	67	=SUM(J2)
雨婷	68	52	74	95	70	82	60	73	
开月	65	68	80	72	61	58	71	80	
马康	77	72	62	82	74	90	69	86	
马鱼	75	79	88	80	84	76	80	80	
黄秋	93	68	83	63	67	70	76	61	
韩瑞	88	64	75	79	66	68	73	87	
喜月	65	70	84	54	49	55	75	79	
玛德	53	52	73	53	47	46	63	75	
淇宣	49	50	71	64	69	74	69	77	
何婷	69	60	72	70	89	55	65	81	
卓越	65	44	66	81	78	72	64	69	
开杭	72	66	77	62	65	64	65	75	
倩雯	78	64	74	66	77	94	75	92	
婷婷	87	88	92	93	90	95	86	91	
吕佳	66	46	68	58	55	73	58	73	
吕军	68	54	76	71	53	67	63	84	
吕鹏	64	62	68	74	73	88	77	83	
招弟	75	78	61	76	81	84	71	77	

图 21-3

独当一面

赵磊出色地完成了成绩单的统计，让他掌握了不少关于电子表格的知识。赵磊拿出一份以前的成绩单，你也来试试帮他统计各科成绩，掌握函数和公式的应用。

条件函数

条件函数一般是指Excel中的IF函数，它是根据指定的条件来判断其真（TRUE）、假（FALSE），再根据逻辑计算的真假值，返回相应的内容。可以使用 IF 函数对数值和公式进行条件检测。

【职场再现】

孙小海毕业后进入一家国企的财务部工作。为了鼓励员工，提高员工的工作积极性，公司决定根据员工的当月表现为员工颁发"优秀员工"奖，同时给予一定的奖金奖励。公司将评选细则下发至财务部，部里领导为了考验孙小海的工作能力，决定将这个任务交给他来做。

【信息收集】

考核的规则：员工当月的"销售等级"为"A"，并且没有因为迟到、旷工等原因扣发工资，当月可评为"优秀"。其中"销售等级"根据销售员的当月"月销售额"判定，高于4 500，级别定为A（含4 500）；否则为B。

【任务展示】

	A	B	C	D	E	F	G	H
1				员工奖金表				
2	编号	姓名	部门	职务	月销售额	销售等级	扣发	是否优秀
3	101	欧悉尼	销售部	经理	￥6,900.00	A	￥ -	优秀
4	102	王潇	销售部	副经理	￥5,800.00	A	￥ -	优秀
5	103	郝丽	销售部	副经理	￥5,500.00	A	￥ 50.00	
6	201	谢玉	销售部	组长	￥4,800.00	A	￥ -	优秀
7	202	王静	销售部	业务员	￥3,700.00	B	￥ -	
8	203	张婷	销售部	业务员	￥2,500.00	B	￥100.00	
9	204	曾莉莉	销售部	业务员	￥3,800.00	B	￥ -	
10	205	吴启航	销售部	业务员	￥4,500.00	A	￥ -	优秀
11	301	肖亮	销售部	组长	￥3,800.00	B	￥ -	
12	302	曾珠	销售部	业务员	￥4,100.00	B	￥ 50.00	
13	303	王宏	销售部	业务员	￥2,200.00	B	￥ -	
14	304	林锦	销售部	业务员	￥4,900.00	A	￥ -	优秀
15	305	赵小泽	销售部	业务员	￥4,200.00	B	￥150.00	

图 22-1

【知识要点】

IF函数是判断式的计算函数，假设单元格的值检验为True（真，即满足条件）时，执行条件成立时的命令；反之，检验值为False（假，即不满足条件）时，执行条件不成立时的命令。

函数格式：

IF（Logical_test，Value_if_true，Value_if_false）

其中："Logical_test"表示设定的条件；

"Value_if_true"表示目标单元格与设定的条件相符时返回的函数值；

"Value_if_flase"表示目标单元格与设定的条件不相符时返回的函数值。

【任务实施】

一、IF普通公式单条件表达

①选中"F3"单元格，单击编辑栏中的"插入函数" fx 按钮或按"Shift+F3"组合
键打开"插入函数"对话框。

②在"或选择类别"下拉列表框中选择"逻辑"函数，在"选择函数"列表框中选
择"IF"选项，单击"确定"按钮，如图22-2所示。

图 22-2

③在弹出的"函数参数"对话框中设置参数值，其中在"Logical_test"中输入
"E3>=4500"，在"Value_if_true"中输入"A"，在"Value_if_false"中输入"B"；然
后单击"确定"按钮，如图22-3所示。

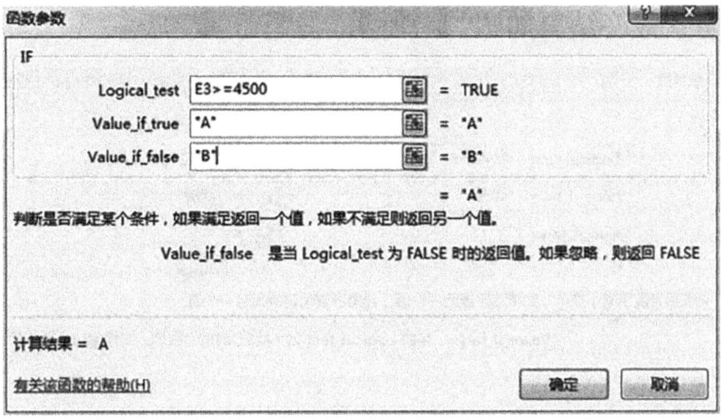

图 22-3

④返回操作界面，由于E3单元格中的值大于"4500"，因此在E3单元格中显示的值为"A"，如图22-4所示。使用填充柄将下边的数据进行填充，如图22-5所示。

	A	B	C	D	E	F	G	H
1	员工奖金表							
2	编号	姓名	部门	职务	月销售额	销售等级	扣发	是否优秀
3	101	欧悉尼	销售部	经理	￥6,900.00	A	￥ -	
4	102	王潇	销售部	副经理	￥5,800.00		￥ -	
5	103	郝丽	销售部	副经理	￥5,500.00		￥ 50.00	
6	201	谢王	销售部	组长	￥4,800.00		￥ -	
7	202	王静	销售部	业务员	￥3,700.00		￥ -	
8	203	张婷	销售部	业务员	￥2,500.00		￥100.00	
9	204	曾莉莉	销售部	业务员	￥3,800.00		￥ -	
10	205	吴启航	销售部	业务员	￥4,500.00		￥ -	
11	301	肖亮	销售部	组长	￥3,800.00		￥ -	
12	302	曾珠	销售部	业务员	￥4,100.00		￥ 50.00	
13	303	王宏	销售部	业务员	￥2,200.00		￥ -	
14	304	林锦	销售部	业务员	￥4,900.00		￥ -	
15	305	赵小洋	销售部	业务员	￥4,200.00		￥150.00	

图 22-4

	A	B	C	D	E	F	G	H
1	员工奖金表							
2	编号	姓名	部门	职务	月销售额	销售等级	扣发	是否优秀
3	101	欧悉尼	销售部	经理	￥6,900.00	A	￥ -	
4	102	王潇	销售部	副经理	￥5,800.00	A	￥ -	
5	103	郝丽	销售部	副经理	￥5,500.00	A	￥ 50.00	
6	201	谢王	销售部	组长	￥4,800.00	A	￥ -	
7	202	王静	销售部	业务员	￥3,700.00	B	￥ -	
8	203	张婷	销售部	业务员	￥2,500.00	B	￥100.00	
9	204	曾莉莉	销售部	业务员	￥3,800.00	B	￥ -	
10	205	吴启航	销售部	业务员	￥4,500.00	A	￥ -	
11	301	肖亮	销售部	组长	￥3,800.00	B	￥ -	
12	302	曾珠	销售部	业务员	￥4,100.00	B	￥ 50.00	
13	303	王宏	销售部	业务员	￥2,200.00	B	￥ -	
14	304	林锦	销售部	业务员	￥4,900.00	A	￥ -	
15	305	赵小洋	销售部	业务员	￥4,200.00	B	￥150.00	
16								

图 22-5

二、IF普通公式多条件同时满足表达

①选中"H3"单元格，使用同样的步骤打开"IF函数"对话框。

②在弹出的"函数参数"对话框中设置判断条件和返回逻辑值，其中在"Logical_test"中输入"（AND（F3="A",G3<50））"，在"Value_if_true"中输入"优秀"，在"Value_if_false"中输入""""，然后单击"确定"按钮，如图22-6所示。最后使用填充柄完成数据的填空，最终结果如图22-1所示。

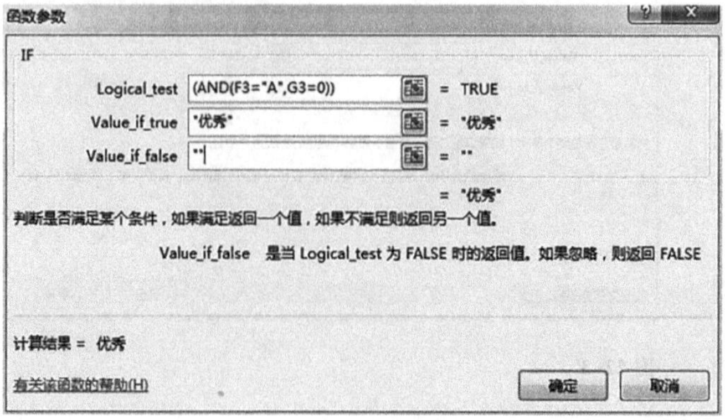

图 22-6

独当一面

　　由于孙小海在本次工作中表现非常出色，于是领导又给孙小海下达了新的任务——制作一份本月的工资表。工资组成为：基本工资、月销售额、销售提成、扣发及员工奖励5个部分。其中，销售提成按公司原有的标准发放：月销售额高于3 500（含3 500），按销售额的10%提成；否则按销售额的5%提成。你来帮帮孙小海吧！

[实例二十三]

图表

Excel表格中的数据一般都比较多，经常需要直观描述数据之间的关系。工作表中的数据若用图表来表达,可让数据更直观、更易于理解。Excel 2013提供了70多种图表样式，每种类型里还包含了若干子类型，并且实现了数据与图表之间的链接（即在图表上或报表上进行数据的修改，两者都会同时发生变化）。

【职场再现】

马上要到年终了，为了能制订下一年度的工作计划，各个公司纷纷对年度总的业绩进行统计分析。李小雷在公司销售部工作，经理将公司各地市销售情况年度统计的工作交给了他。于是，李小雷决定从各地市分公司收集本年度的销售数据，并决定采用图表的方式来展示数据。

【信息收集】

李小雷接到任务后，立即调取了各个地市分公司4个季度的销售业绩进行整理，并绘制成表格，如图23-1所示。

城市	第一季度	第二季度	第三季度	第四季度	合计
千禧公司2010年度各地市销售情况表（万元）					
天津	366	368	406	368	1508
北京	526	648	583	584	2341
上海	509	598	696	556	2359
西安	334	286	408	346	1374
南京	586	688	502	568	2344
重庆	498	502	568	496	2064

图 23-1

【任务展示】

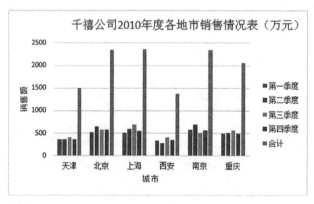

图 23-2

【知识要点】

一、图表元素

图表是由许多项目所组成，不同的图表类型组成的项目会有些差异，但大部分是相同的。下面介绍图表的组成项目。

- •图表区：指整个图表及所涵盖的所有项目。
- •绘图区：指图表显示的区域，包含图形本身、类别名称、坐标轴等区域。
- •图例：辨识图表中各组数据系列的说明。图例内还包括图例项标示、图例项目等。
- •坐标轴与网格线：通常，平面图表有2个坐标轴——X轴和Y轴;立体图表上则有3个坐标轴——X轴、Y轴和Z轴。但并不是每种图表都有坐标轴，如饼图就没有坐标轴。由坐标轴的刻度记号向上或向右延伸到整个绘图区的直线便是所谓的网格线。显示网格线比较容易查看图表上数据点的实际数值。

二、常见图标样式

本例中的销售量统计表制作使用了Excel的图表功能。图表功能主要在插入菜单中调用，可供选择的常用图表样式有柱形图、折线图、饼图、条形图等。我们可以依自己的需求来选择适当的图表。

- •柱形图：柱形图是最普遍使用的图表类型，它很适合用来表现一段期间内数量上的变化，或者比较不同项目之间的差异,各种项目放置于水平坐标轴上，而其值则以垂直的长条显示。
- •折线图：显示一段时间内的连续数据,适合用来显示相等间隔（每月、每季、每年等）的资料趋势。例如，某公司反映各分公司每一季的销售状况，就可以利用折线图来展示。
- •饼图：饼图只能有一列数据，每个数据项都有唯一的色彩或是图样，适合用来表现各个项目在全体数据中所占的比率。
- •条形图：可以显示每个项目之间的比较情形，Y轴表示类别项目，X轴表示值。条形图主要是强调各项目之间的比较，不强调时间。例如，可以查看各地区的销售额，或者列出各项商品的人气指数。

其他一些可能会见到的样式，如散布图、雷达图、股票图、泡泡图等，需要同学们自己在学习中去了解和扩展。

【任务实施】

一、插入图表

①打开素材，选择"A3：F9"单元格区域，选择"插入"选项卡。在"图表"功能组中单击右下角的"插入图表"按钮 ⧉，打开"插入图表"对话框。

②在"所有图表"选项卡中选择"柱形图"并在右侧选项中选择"簇状柱形图"，单击"确定"按钮，如图23-3所示。返回结果如图23-4所示。

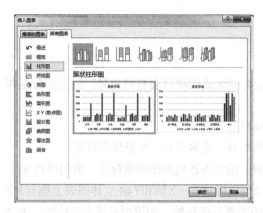

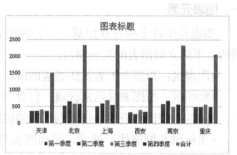

图 23-3　　　　　　　　　　　　　　　　　　　　　　图 23-4

二、编辑图表

①单击表格中的图表，将鼠标放在图表框周围的4个角点上，拖动鼠标即可调整其大小。

②双击"图表标题"，将图表标题修改为"千禧公司各季度销售情况表"。

③选中图表，在图表工具的"设计"选项卡中单击"添加图表元素"按钮，在下拉菜单中选择"图例"→"右侧"，如图23-5、图23-6所示。

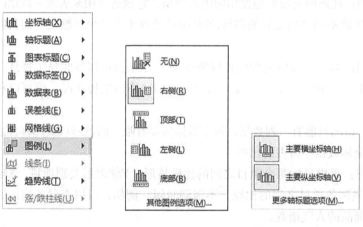

图 23-5　　　　　　　图 23-6　　　　　　　图 23-7

④在图表中双击坐标轴标题进行修改，如图23-7所示。

独当一面

　　李小雷的同学就职于一家汽车销售4S店，公司经理希望他可以用图表将公司上半年不同品牌汽车的销售量所占比重及同一品牌汽车各月份的销售情况走向展示出来。你来帮他完成这项工作吧。

排序、筛选与分类汇总

当表格中统计的数据较多而且种类复杂时，为了方便查找数据，可以对表格中的数据进行排序、筛选及分类汇总，使用户查找某类信息时更加方便，同时也使表格条理清楚。本任务的主要目标是通过排序、筛选及分类汇总等手段对表格中的数据进行简单分析。

【职场再现】

小磊毕业后经营一家翰林书店，主营对象是本市的中学生群体，生意一直不错。年终，小磊想看一下店里各类书籍的销售情况。于是，他决定将这一年的销售数据进行简单整理分析。

【信息收集】

小磊将销售情况进行了汇总，做成Excel表格以便分析，效果如图24-1所示。

	A	B	C	D
1	翰林书店图书销售情况表			
2	书籍名称	类别	销售数量（本）	单价
3	高中数学辅导	教辅	4300	26
4	高中英语辅导	教辅	4000	26
5	格林童话	少儿读物	6640	21.2
6	高中语文辅导	教辅	4860	26
7	青年文摘	生活百科	7850	15.6
8	瑜伽与生活	生活百科	2830	35
9	大头儿子和小头爸爸	少儿读物	5840	23.5
10	营养膳食	生活百科	3860	16.4
11	信息技术	科技	1680	40.5
12	ELLE	时尚	6850	32.6

图 24-1

【任务展示】

针对成百上千种书，小磊在整理时做了排序、筛选和分类汇总。

①根据销售数量进行排序（将销售数量按从大到小的顺序排列）。

②将销售数量大于5 000的书筛选出来。

③分别统计各类书籍的销售总量。

	A	B	C	D
1	翰林书店图书销售情况表			
2	书籍名称	类别	销售数量（本）	单价
3	青年文摘	生活百科	7850	15.6
4	ELLE	时尚	6850	32.6
5	格林童话	少儿读物	6640	21.2
6	大头儿子和小头爸爸	少儿读物	5840	23.5
7	高中语文辅导	教辅	4860	26
8	高中数学辅导	教辅	4300	26
9	高中英语辅导	教辅	4000	26
10	营养膳食	生活百科	3860	16.4
11	瑜伽与生活	生活百科	2830	35
12	信息技术	科技	1680	40.5

图 24-2

	A	B	C	D
1	翰林书店图书销售情况表			
2	书籍名称 ▼	类别 ▼	销售数量（本）▼	单价 ▼
3	青年文摘	生活百科	7850	15.6
4	ELLE	时尚	6850	32.6
5	格林童话	少儿读物	6640	21.2
6	大头儿子和小头爸爸	少儿读物	5840	23.5

图 24-3

1 2 3		A	B	C	D
	1	翰林书店图书销售情况表			
	2	书籍名称	类别	销售数量（本）	单价
+	4		时尚 汇总	6850	
+	8		生活百科 汇总	14540	
+	11		少儿读物 汇总	12480	
+	13		科技 汇总	1680	
+	17		教辅 汇总	13160	
−	18		总计	48710	

图 24-4

【知识要点】

一、排序

排序是数据组织的一种手段，可将数据清单中的数据按字母顺序、数值大小及姓氏笔画等进行排序。

二、筛选

筛选有自动筛选和高级筛选，自动筛选利用表格数据字段名设置筛选条件，进行筛选显示记录，但只能针对一个字段进行筛选；高级筛选则可以对数据列表中的多个字段间进行复杂条件的筛选。

三、分类汇总

分类汇总是对数据清单进行数据分析的一种方法。分类汇总是对数据库中指定的字段进行分类，然后统计同一类记录的有关信息。统计的内容可以由用户指定，也可以统计同一类记录的记录条数，还可以对某些数值段求和、求平均值、求极值等。

【任务实施】

一、排序

①选中数据区域"A3:D12"中任意单元格，单击菜单栏"数据"功能组中"排序"按钮 。

②在打开的"排序"对话框中设置"主要关键字"为"销售数量"，"排序依据"为"数值"，"次序"为"降序"，然后单击"确定"按钮，如图24-5所示。最终效果如图24-2所示。

图 24-5

二、筛选

①选中数据区域中任意单元格，单击菜单栏"数据"功能组中的"筛选"按钮 。

②此时在表头的每个单元格右边都会出现一个下拉箭头 ，单击"销售数量"旁边的下拉箭头。

③在弹出的下拉菜单中选择"数字筛选"，从中选择"大于或等于"菜单命令，如图24-6、图24-7所示。

④在弹出的"自定义自动筛选方式"对话框的第一个下拉列表框中选择"大于或等于"，其后的下拉列表框中输入"5000"，然后单击"确定"按钮返回，如图24-8所示。最终效果如图24-3所示。

图 24-6

图 24-7

图 24-8

三、分类汇总

在做分类汇总前，需要先对数据按"分类字段"进行排序，否则无法进行分类汇总。其目的在于按照"分类字段"将相同类别的数据整理在一起。

①重复以上步骤完成以"分类字段"内容"类别"为"主要关键字"进行排序，如图24-9所示。单击"确定"按钮，返回操作界面，排序结果如图24-10所示。

②选择数据区域"A3:D12"中任意单元格，选择"数据"选项卡，在"分级显示"功能组中单击"分类汇总"按钮 。

③在"分类汇总"对话框的"分类字段"下拉列表框中选择"类别"选项，在"汇总方式"下拉列表框中选择"求和"选项，在"选定汇总项"列表框中选择"销售数量"复选框，其他各项设置保持不变，如图24-11所示。单击"确定"按钮，完成分类汇总，如图24-4所示。

图 24-9

	A	B	C	D
1	翰林书店图书销售情况表			
2	书籍名称	类别	销售数量（本）	单价
3	ELLE	时尚	6850	32.6
4	青年文摘	生活百科	7850	15.6
5	营养膳食	生活百科	3860	16.4
6	瑜伽与生活	生活百科	2830	35
7	格林童话	少儿读物	6640	21.2
8	大头儿子和小头爸爸	少儿读物	5840	23.5
9	信息技术	科技	1680	40.5
10	高中语文辅导	教辅	4860	26
11	高中数学辅导	教辅	4300	26
12	高中英语辅导	教辅	4000	26

图 24-10

图 24-11

独当一面

孙小磊逐渐开了几家书店，每隔一段时间需要对每个书店的销售量进行统计。你快来帮帮他吧。

要求：①书店不同类别书的销售量由高到低排序。

②筛选出教辅类销售量大于等于5 000本的书籍信息。

③将3个书店相同的书分别进行销售量汇总。

数据有效性

利用数据菜单中的有效性功能可以控制一个范围内的数据类型等，还可以快速、准确地输入一些数据。例如，录入身份证号码、手机号这些长度长、数量多的数据时，操作过程中容易出错，数据有效性可以帮助防止、避免错误的发生。

【职场再现】

小明在学校教务科主要负责学生信息的管理。工作一段时间后，小明发现一些数据在录入时经常因疏忽而产生一些错误。为了避免错误发生，小明决定想想办法。

【信息收集】

小明找到了要录入的学生信息。

学生信息表		
学号	姓名	性别
0111	幸志兵	男
0112	张江和	男
0113	秦小小	女
0114	韩姗姗	女
0115	陆大伟	男
0116	林清	女
0117	王硕	男
0118	陈云	女

图 25-1

【任务展示】

小明经过观察发现，很多信息都是有规律的，可以进行数据有效性限定。例如，可以对学号进行位数的限定，如图25-2所示，如果录入位数不对便会出现错误提示，如图25-3所示；对于性别，只能从提供的选项中选取，如图25-4所示。

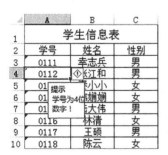

图 25-2

图 25-3

	A	B	C
1	学生信息表		
2	学号	姓名	性别
3	0111	幸志兵	男
4	0112	张江和	男
5	0113	秦小小	女
6	0114	韩姗姗	女
7	0115	陆大伟	男
8	0116	林清	女
9	0117	王硕	男
10	0118	陈云	女

图 25-4

【任务实施】

①选定要输入数据的区域"A3:A10"。

②单击菜单中"数据"→"数据工具"→"数据验证"按钮 。

③打开"数据验证"对话框，在"设置"选项卡中设置验证条件为"文本长度"，选择数据为"等于"，"长度"栏根据需要填写，如"学号"为"4"，如图25-5所示。这样在单元格填写的号码会以科学记数法的形式出现。单击"设置单元格式"，"选择数字"选项卡中的"文本"。

图 25-5   图 25-6

④在"输入信息"选项卡中设置"标题"为"提示"，"输入信息"为"学号为4位数字！"，如图25-6所示。

⑤数据验证的出错信息：在"出错警告"选项卡中设置出错信息"样式"选择"停止"，其余设置如图25-7所示，结果如图25-3所示。

图 25-7

⑥通过数据验证还可以设定下拉菜单的列。选择数据区域"C3:C10"，选择"数据验证"按钮，打开"数据验证"对话框，设置"验证条件"为"序列"，在"来源"输入要限制输入的值，如图25-8所示。注意：逗号输入时要切换到英文输入模式。

数据有效性还可以应用于时间、日期、整数、小数等的检查控制。

图 25-8

独当一面

考前的准备工作都已经完成，领导对小明的工作非常满意。随着考试的进行，小明也开始准备考后的分数统计工作。请你帮助小明做一份成绩统计表，对学生的成绩、学号等进行数据有效性的设置。

[实例二十六]

数据透视表

　　数据透视表（Pivot Table）是一种交互式的表，可以进行某些计算，如求和与计数等。所进行的计算与数据在数据透视表中的排列有关。之所以被称为数据透视表，是因为可以动态地改变它们的版面布置，以便按照不同方式分析数据，它也可以重新安排行号、列标和页字段。每一次改变版面布置时，数据透视表会立即按照新的布置重新计算数据。另外，如果原始数据发生更改，也可以更新数据透视表。

【职场再现】

　　汤泽泽是鸿达公司的一名出纳，财务总监想了解公司一季度的工程原料费总费用清单，为了使数据能更清楚、直观，方便对数据进行分析，汤泽泽决定使用数据透视表来呈现数据。

【信息收集】

　　汤泽泽接到任务，立即从计算机中调出一季度的工程款数据，如图26-1所示。

	A	B	C	D
1	鸿达公司一季度所付工程原料款			
2	日期	项目工程	原料	金额（元）
3	2017/2/15	唐河绿洲项目	细沙	8000
4	2017/2/15	唐河绿洲项目	钢筋	100000
5	2017/2/15	城市污水工程	钢筋	10000
6	2017/2/15	CBD城市中心工程	钢筋	80000
7	2017/2/15	星空大剧院工程	钢筋	120000
8	2017/3/20	唐河绿洲项目	大沙	10000
9	2017/3/20	城市污水工程	水泥	8000
10	2017/3/20	CBD城市中心工程	水泥	50000
11	2017/3/20	星空大剧院工程	水泥	90000
12	2017/1/25	唐河绿洲项目	水泥	60000
13	2017/1/25	城市污水工程	细沙	3000
14	2017/1/25	CBD城市中心工程	细沙	4000
15	2017/1/25	星空大剧院工程	细沙	10000
16	2017/3/20	唐河绿洲项目	木材	1000
17	2017/3/20	城市污水工程	大沙	1000
18	2017/3/20	城市污水工程	木材	500
19	2017/2/15	CBD城市中心工程	大沙	6000
20	2017/2/15	CBD城市中心工程	木材	2000
21	2017/2/15	星空大剧院工程	大沙	15000
22	2017/1/25	星空大剧院工程	木材	10000

图 26-1

【任务展示】

鸿达公司一季度所付工程原料款

	A	B	C	D	E
1	项目工程	（全部） ▼			
2					
3	求和项:金额（元）	列标签 ▼			
4	行标签 ▼	2017/1/25	2017/2/15	2017/3/20	总计
5	大沙		21000	11000	32000
6	钢筋		310000		310000
7	木材	10000	2000	1500	13500
8	水泥	60000		148000	208000
9	细沙	17000	8000		25000
10	总计	87000	341000	160500	588500

图 26-2

【知识要点】

数据透视表是Excel 2013中最复杂的运用之一，想学好数据透视表的应用，需要先了解数据透视表的基本结构。数据透视表的结构分为字段、项、行字段、列字段、页字段、数据字段、数据区、拖放区域、字段列表和数据透视表工具栏。

【任务实施】

①选择表"sheet2"中"A1"单元格，单击"插入"菜单栏最左面的"数据透视表"按钮 ⬚。

②在弹出的"创建数据透视表"对话框中，单击"选择一个表或区域"旁边的"折叠"按钮⬚，选择要使用的数据源"A2:D22"，如图26-3、图26-4所示，单击"返回"按钮⬚返回，如图26-5所示。

图 26-3

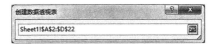

图 26-4

图 26-5

图 26-6

③选择要显示的字段，会自动生成所需要的数据透视表。根据具体要求分别将"项目工程"拖至"筛选器"，"日期"拖至"列"，"原料"拖至"行"，"金额（元）"拖至"值"等参数，如图26-6所示。

④在"值"标签处的下拉菜单中选择"值字段设置",打开"值字段设置"对话框,如图26-7所示;在"值汇总方式"选项卡下选择"计数类型"为"求和",并单击"确定"按钮,如图26-8所示。

图 26-7   图 26-8

数据透视表优于分类汇总在于它可以进行行列互换,也可以同时对几个字段进行求和、求个数等的操作,而分类汇总只能对一个字段进行操作。

独当一面

领导看了汤泽泽整理的数据后非常满意,又交给了他一个新的任务——公司各类物品在不同地区采购的总数量及单价最高的物品,你来帮帮他吧。

Excel拆分合并单元格

Excel在制表时，为了使表格中的数据更清楚，表格更美观，很多人会将表格中相同的项目进行单元格合并，但对于需要进行数据分析、处理的的表格，设置合并单元格会使表格存在一些空白单元格，从而影响数据的分析，也不便于快速复制计算。本例将要学习如何快速将合并的单元格进行拆分并填入相应的数据。

【职场再现】

范志伟刚刚应聘到飞腾公司，担任数据分析师的助理。数据分析师卫工接到上级给他的任务，分析上一年度各生产小组完成目标的情况。卫工吩咐范志伟制作收集数据的样表，并将其发到一线相关负责人那里进行数据收集。

【信息收集】

范志伟从一线相关负责人处收集了数据，如图27-1所示。

部门	姓名	项目	01月	2月	3月	4月	5月	6月	7月	8月	9月	10月	11月	12月
生产一组	王三军	目标	300	300	300	300	300	300	300	300	300	300	300	300
		实际	303	308	311	321	289	295	307	300	328	333	317	329
	马五	目标	320	320	320	320	320	320	320	320	320	320	320	320
		实际	312	330	290	286	321	315	308	303	322	327	333	326
	任晓丽	目标	310	310	310	310	310	310	310	310	310	310	310	310
		实际	340	332	356	374	384	356	346	332	312	315	309	300
生产二组	何晨薇	目标	280	280	280	280	280	280	280	280	280	280	280	280
		实际	303	308	311	321	289	295	307	300	328	333	317	329
	苗慧	目标	300	300	300	300	300	300	300	300	300	300	300	300
		实际	312	330	290	286	321	315	308	303	322	327	333	326
生产三组	赵凤	目标	310	310	310	310	310	310	310	310	310	310	310	310
		实际	299	312	332	316	327	331	340	352	339	314	365	300
	赵亮	目标	330	330	330	330	330	330	330	330	330	330	330	330
		实际	340	332	356	374	384	356	346	332	312	315	309	300
生产四组	刘飞	目标	350	350	350	350	350	350	350	350	350	350	350	350
		实际	312	330	290	286	321	315	308	303	322	327	333	326
	张蒙	目标	340	340	340	340	340	340	340	340	340	340	340	340
		实际	303	308	311	321	289	295	307	300	328	333	317	329
	关云天	目标	320	320	320	320	320	320	320	320	320	320	320	320
		实际	299	312	332	316	327	331	340	352	339	314	365	300
	马献	目标	300	300	300	300	300	300	300	300	300	300	300	300
		实际	312	330	290	286	321	315	308	303	322	327	333	326

图 27-1

【任务展示】

范志伟知道合并表格会影响数据的排序、筛选、分类汇总、数据计算，所以将表格的合并单元格全部拆分并填上了数据，效果如图27-2所示。

部门	姓名	项目	01月	2月	3月	4月	5月	6月	7月	8月	9月	10月	11月	12月
生产一组	王三军	目标	300	300	300	300	300	300	300	300	300	300	300	300
生产一组	王三军	实际	303	308	311	321	289	295	307	300	328	333	317	329
生产一组	马五	目标	320	320	320	320	320	320	320	320	320	320	320	320
生产一组	马五	实际	312	330	290	286	321	315	308	303	322	327	333	326
生产一组	任晓丽	目标	310	310	310	310	310	310	310	310	310	310	310	310
生产一组	任晓丽	实际	340	332	356	374	384	356	346	332	312	315	309	300
生产二组	何晨薇	目标	280	280	280	280	280	280	280	280	280	280	280	280
生产二组	何晨薇	实际	303	308	311	321	289	295	307	300	328	333	317	329
生产二组	苗慧	目标	300	300	300	300	300	300	300	300	300	300	300	300
生产二组	苗慧	实际	312	330	290	286	321	315	308	303	322	327	333	326
生产三组	赵凤	目标	310	310	310	310	310	310	310	310	310	310	310	310
生产三组	赵凤	实际	299	312	332	316	327	331	340	352	339	314	365	300
生产三组	赵亮	目标	330	330	330	330	330	330	330	330	330	330	330	330
生产三组	赵亮	实际	340	332	356	374	384	356	346	332	312	315	309	300
生产四组	刘飞	目标	350	350	350	350	350	350	350	350	350	350	350	350

图 27-2

【任务实施】

本例是要将合并的单元格取消合并，并在相应单元格填入相应的数据。

①选中所有合并的单元格，单击"开始"选项卡"对齐方式"组中"合并后居中"，取消合并单元格，效果如图27-3所示。

图 27-3

图 27-4

②选中部门一列的单元格，按键盘中的"F5"键打开"定位"对话框，如图27-4所示。单击左下角的"定位条件"按钮，打开"定位条件"对话框，如图27-5所示，选择

图 27-5   图 27-6

"空值"后单击"确定"按钮，即可选中指定区域内所有的空单元格。

③请注意刚才的操作，活动单元格是A3，因此在单元格中输入公式"＝A2"，如图27-6所示。然后按"Ctrl+Enter"组合键，即可把这些空白单元格都填充上一个单元格的数据，效果如图27-7所示。

部门	姓名	项目	01月	2月	3月	4月	5月	6月	7月	8月	9月	10月	11月	12月
生产一组	王三军	目标	300	300	300	300	300	300	300	300	300	300	300	300
生产一组		实际	303	308	311	321	289	295	307	300	328	333	317	329
生产一组	马五	目标	320	320	320	320	320	320	320	320	320	320	320	320
生产一组		实际	312	330	290	286	321	315	308	303	322	327	333	326
生产一组	任晓丽	目标	310	310	310	310	310	310	310	310	310	310	310	310
生产一组		实际	340	332	356	374	384	356	346	332	312	315	309	300
生产二组	何晨薇	目标	280	280	280	280	280	280	280	280	280	280	280	280
生产二组		实际	303	308	311	321	289	295	307	300	328	333	317	329
生产二组	苗慧	目标	300	300	300	300	300	300	300	300	300	300	300	300
生产二组		实际	312	330	290	286	321	315	308	303	322	327	333	326
生产三组	赵凤	目标	310	310	310	310	310	310	310	310	310	310	310	310
生产三组		实际	299	312	332	316	327	331	340	352	339	314	365	300
生产三组	赵亮	目标	330	330	330	330	330	330	330	330	330	330	330	330
生产三组		实际	340	332	356	374	384	356	346	332	312	315	309	300
生产四组	刘飞	目标	350	350	350	350	350	350	350	350	350	350	350	350

图 27-7

④用相同的方法修改姓名栏。

独当一面

范志伟能快速修改合并单元格的事传出去后，财务部王小样就带着员工工资表来请教了。让我们帮帮王小样吧！

NO.28

[实例二十八] 现有数据的整理与规范

很多时候用Excel导出的数据并不能满足要求，需要对其中一列的数据进行修改。为了避免对每一个数据进行单独修改，可以使用“分列”功能。分列，是把一列数据（包括文本、数值等）分成若干列；合并是把若干列数据合并成一列。这个功能可以方便我们修改数据，并对复杂数据进行转换和排序。

【职场再现】

王晓家经营一家茶叶店，暑假回家后她在店里帮忙。近期父亲发现店里茶叶的库存有些不足，需要进货。店里商品的信息都有专门的软件在进行管理，方便日常的统计。但当从中导出数据准备发给供应商时，王晓发现数据不够规范。为了方便供应商查看，于是王晓决定将数据修改、整理一下。

【信息收集】

王晓从软件中导出的数据如图28-1所示。

	A	B	C	D	E	F	G	H	I
1	鸿海品茗进货清单								
2	品牌	配料表	净重量	包装种类	保质期	产地	口感	单价	进货量
3	天福茗茶 红茶 220g礼盒装 730天 漳州市 蜜香浓郁 149								
4	卢正浩 西湖龙井 250g 袋装 360天 杭州市 清香回甜 89								
5	艺福堂 茶鲜叶 250g 罐装 360天 杭州市 厚实醇正 99								
6	盛茗世家 西湖龙井茶 250g 袋装 540天 杭州市 甘醇爽口 118								
7	八马 安溪铁观音 250g盒装 540天 泉州市 憨厚甘爽 145								
8	正壶堂 铁观音 500g 袋装 540天 泉州市 厚实醇正 109								
9	狮峰 新鲜茶叶 50g 罐装 杭州市 炒青绿茶 厚实醇正 109								

图 28-1

【任务展示】

	A	B	C	D	E	F	G	H	I	J
1	鸿海品茗进货清单									
2	品牌	配料表	净重量	包装种类	保质期	产地	口感	单价	进货量	
3	天福茗茶	红茶	220g	礼盒装	730天	漳州市	蜜香浓郁	149	50	天福茗茶红茶50
4	卢正浩	西湖龙井	250g	袋装	360天	杭州市	清香回甜	89	50	卢正浩西湖龙井50
5	艺福堂	茶鲜叶	250g	罐装	360天	杭州市	厚实醇正	99	60	艺福堂茶鲜叶60
6	盛茗世家	西湖龙井茶	250g	袋装	540天	杭州市	甘醇爽口	118	60	盛茗世家西湖龙井茶60
7	八马	安溪铁观音	250g	盒装	540天	泉州市	憨厚甘爽	145	30	八马安溪铁观音30
8	正壶堂	铁观音	500g	袋装	540天	泉州市	厚实醇正	109	40	正壶堂铁观音40
9	狮峰	新鲜茶叶	50g	罐装	杭州市	炒青绿茶	厚实醇正	109	40	狮峰新鲜茶叶40

图 28-2

【任务实施】

一、数据分列整理

①选取目标区域“A3:A8”。由于标题与数据格式不同，为方便后续操作，选择时不

选择标题，即保证选择区域内数据格式相同。

②单击菜单栏中"数据"功能组中"数据工具"模块中的"分列"按钮 ，打开"文本分布向导"对话框，如图28-3所示。

③在打开的"文本分列向导-第1步，共3步"对话框中选择合适的文件类型，数字类或日期类数据一般选用"分隔符号"，而文本类数据没有明显区分，一般选择"固定宽度"。此处应选择"分隔符号"，选择确定后单击"下一步"按钮。

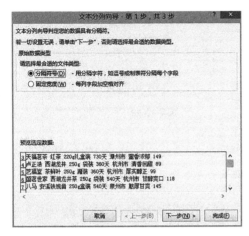

图28-3

图28-4

④在打开的"文本分列向导-第2步，共3步"对话框中选择分隔符，选择"Tab键""空格"实现分隔。如果分隔符不在选项中，则自行正确填写（注意是在中文还是在英文状态下输入）。分隔符正确，下方数据预览窗口即可查看分隔效果，完成后单击"下一步"按钮，如图28-4所示。

⑤在打开的"文本分列向导-第3步，共3步"对话框中"列数据格式"中选择"常规"，如图28-5所示。最后单击"完成"按钮，效果如图28-6所示。

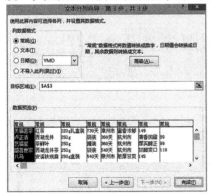

图28-5

图28-6

二、数据"分列→合并"整理

有分列就有合并，如果需要将Excel表格中的多列数据显示到一列中，可以用"合并函数"来实现。

①选中"J1"单元格，单击菜单栏中"公式"功能组中"插入函数"按钮 。

②打开"插入函数"对话框，在"搜索函数"中输入"合并"，单击"转到"按钮；在"选择函数"选项列表中，选择"合并函数"→"CONCATENATE"，并单击"确定"按钮，如图28-7所示。

③打开"函数参数"对话框，按照图28-8对单元格中数据进行引用，完成后单击"确定"按钮。

图28-7

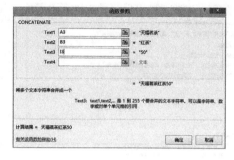

图28-8

小提示

如果希望将"A"列数据、"B"列数据及"I"列数据组合显示到"J"列中（中间添加一个"-"符号），使用一个"&"就搞定了。

选中"J1"单元格，在"函数编辑栏"f_x 输入公式"=A3&"-"&B3&-&I3"，如图28-9所示，单击"Enter"键确认；然后用"填充柄"将其复制到"J"列下面的单元格中即可，结果如图28-10所示。

图28-9   图28-10

小提示

如果把上述公式修改为"=CONCATENATE(A3,"-",B3,-I3)"，同样可以达到合并的目的。

独当一面

王晓经过一番努力发现自己整理后的数据效果变得清晰了。他找到一张同学的邮箱通信录，希望通过分列的方式对其进行整理规范，你来帮帮他吧。

基础PowerPoint制作与放映

PowerPoint 2013是功能强大的演示文稿制作软件，是制作精美、专业演示文稿的好帮手，其制作出的PPT常用于工作汇报、企业宣传、产品推介、婚礼庆典、项目竞标、管理咨询、教育培训等领域。用户可以在投影仪或者计算机上进行演示，也可以将演示文稿打印出来，应用到更广泛的领域中。

【职场再现】

王东东毕业后求职到一家文化传播公司工作，主要承担PPT制作工作。公司共聘任了3名制作人员，公司陈经理为了让大家彼此尽快熟悉起来，有利于工作的开展，先给大家两天的时间用于熟悉公司业务，并要求在两天后的公司例会上3位新人要以PPT的形式介绍自己，时间不超过3分钟。王东东暗暗给自己加油，在接下来的两天时间里一定要做一份像样的自我介绍PPT，顺利开启自己的职业生涯。

【信息收集】

王东东一边了解公司业务，一边开始构思自己的自我介绍。怎样做才能让同事们更好地了解自己呢？通过虚心地向老师和职场前辈请教，思路渐渐清晰了起来。

- 介绍自己的性格、爱好、特长、经验和能力等。
- 介绍自己所学专业、主修课程、学习成绩和专业技能水平。
- 说明自己入职的愿望和态度。
- 所有的介绍都应该与将从事的工作相关联。

【任务展示】

王东东不断地将与自己有关的信息进行梳理，最后确定制作7张幻灯片，如图29-1所示。

第1张：

第2张：

第3张：

第4张：

第5张：
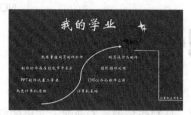

第6张：

第7张：

图29-1

【知识要点】

本例用到了PPT的基础操作，包括演示文稿的创建、背景的设置、在幻灯片中输入文本、格式化文本；还涉及PPT中对象的使用，包括使用图片、形状、艺术字等。

新建的空白演示文稿就相当于一张画布，它给予了用户广阔的想象空间，文字、图片、形状等元素都能在上面表现。

一、新建空白演示文稿

①单击"文件"并选择"新建"，如图29-2所示。

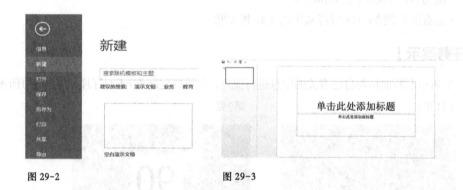

图29-2   图29-3

②选择"空白演示文稿"，如图29-3所示。

二、创建多张幻灯片

方法一：右击左侧幻灯片缩略图，在弹出的快捷菜单中选择"新建幻灯片"即可新建一张空白幻灯片。

方法二：如果演示文稿中的幻灯片风格一致，可通过"复制幻灯片"的方式创建新的幻灯片，然后更改内容即可，如图29-4所示。

图 29-4　创建多张幻灯片

三、制作幻灯片背景

①在幻灯片编辑区单击鼠标右键，在弹出的快捷菜单中选择"设置背景格式"，如图29-5所示。

图 29-5

图 29-6

②在"设置背景格式"面板中选择填充背景的方式即可，如图29-6所示。

> **小提示**
>
> "设置背景格式"面板功能很强大，填充、描边、字体、图片、阴影等所有的格式设置都在这里，在设计的时候调出这个面板，可以提高设计效率。

四、输入文本

方法一：新建演示文稿的第1张幻灯片都是标题幻灯片，其中有"标题"和"副标题"两个文本占位符，可以单击该区域输入文本，如图29-7所示。

方法二：用户也可以自己绘制文本框。单击"插入"选项卡，在文本组列表框中选择"文本框"，可选择文字横排或竖排文本框，该文本框可以放置在幻灯片的任何位置，大小可调，如图29-8所示。

图 29-7　　　　　　　　　　　　　图 29-8

五、制作帆船图形

①在"插入"选项卡"插图"组列表框中选择"形状"选项。

②从"形状"选项中选择组合成为图形的形状，如图29-9所示，进行适当的大小和位置的调整即可，组合后效果如图29-10所示。

③PPT中其他的图形均可采用此方法来完成。

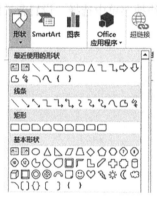

图 29-9

图 29-10

六、插入图片

在"插入"选项卡中选择"图像"组，即可选择要插入的图片，如图29-11所示。

图 29-11

七、放映幻灯片

方法一：在"幻灯片放映"选项卡中，在"开始放映幻灯片"组中选择放映幻灯片的方式即可，如图29-12所示。

图 29-12

方法二：单击演示文稿右下角"放映"按钮即可开始播放幻灯片，如图29-13所示。

图 29-13

【任务实施】

①新建演示文稿，开始编辑第1张幻灯片。"设置背景格式"为"纯色填充"，颜色为"深蓝"；添加标题文字"自我介绍"，添加副标题文字"王东东"；通过插入"形状"绘制帆船图形，用到的形状有三角形、直线、新月形，绘制好之后将图形组合，以方便选取，效果如图29-1第1张所示。

②通过复制第1张幻灯片生成第2张和第3张幻灯片。保留第1张幻灯片中的背景，逐个插入"横排文本框"，输入文字；插入"形状"中的"图角矩形"和"直线"绘制"90"文本框后的组合图形，要将"90"文本框设置为"置于顶层"；最下方的文本框"就是出生于九零年代"使用"形状"中的"方括号"括起来，效果如图29-1第2张所示。

③第3张幻灯片主要使用的也是文本框和形状，形状使用了"形状"中"基本形状"类里的"图文框""椭圆""弦形""方括号"和"线条"中的"曲线"，效果如图29-1第3张所示。

④在第4张幻灯片中，需要插入图片"电脑"，"阶梯状"图形要从左至右，自底向上使用"直线"逐条绘制。这张幻灯片使用到的其他形状有"椭圆""弦形""方括号""十字星"，效果如图29-1第4张所示。

⑤通过复制第4张幻灯片生成第5张幻灯片，保留背景，保留"电脑""十字星"和右侧的线条图形；本页使用到的形状有"直线""曲线箭头连接符"，效果如图29-1第5张所示。

⑥第6张幻灯片使用到的形状是"图文框"，"帆船"和"十字星"图形从第1页和第4页复制即可。文字操作与之前页相同，效果如图29-1第6张所示。

⑦第7张幻灯片中的形状与文字的操作方法与其他页相同，效果如图29-1第7张所示。

独当一面

王东东的自我介绍构架制作完成了，这让他稍微松了一口气。未来也将进入职场的你也可能会遇到和王东东一样的问题，现在就练练手，为自己制作一份自我介绍PPT吧！

PowerPoint动画应用与页面的切换

PowerPoint的一大突出功能就是可以为对象设置各种动画，让静态的演示文稿动起来，使演示更加生动、活泼、直观。制作动画需要足够的耐心，通过巧妙安排各个对象的动画发生时间、顺序、路径，使其完美衔接，演绎精彩的动画效果。

【职场再现】

经过对自己的个人信息和经历认真梳理和筛选，王东东完成了自我介绍PPT结构的搭建。怎样才能让自己的PPT出彩呢？王东东又开始动起了脑筋。网上有很多经典的PPT案例，王东东一边欣赏一边思考，忽然有了灵感。恰到好处的动画能够使自己做的PPT更加吸引眼球，王东东准备对PPT进行进一步制作。

【信息收集】

为了让添加的动画使PPT锦上添花，王东东找到了几条在PPT中添加动画的原则。

•避免"多"。在PPT任何地方都用动画，会造成整个PPT让人眼花缭乱，引起视觉疲劳。

•避免"浮"。一些夸张的动画效果，华而不实，与主题不符。

•避免"乱"。灵活运用时间轴，调整好动画出现的先后顺序，使PPT展示有条理。

•避免"散"。演示文稿应播放流畅，恰到好处地运用幻灯片之间的切换（转场）效果很重要。

【任务展示】

王东东对自己的《自我介绍》演示文稿添加的动画进行了仔细的思考，再结合每一页的演示内容添加了合适的动画，如图30-1—图30-7所示。

第1张：

图 30-1

第2张：

图 30-2

第3张：

图 30-3

第4张：

图 30-4

第5张：

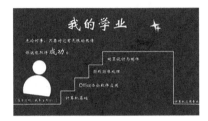

图 30-5

第6张：

图 30-6

第7张：

图 30-7

【知识要点】

Microsoft PowerPoint 2013中的动画效果分为进入类、强调类、退出类。另外，动作路径是另一个大类的动画，通过它，我们可以让各元素以任意方式进行移动。

一、添加动画

①选中幻灯片中要设置动画的对象。

②在"动画"选项卡"动画"组中就可进行动画设置，如图30-8所示；也可在"高级动画"组列表框中选择"添加动画"，即可在"添加动画"面板中选择动画，如图30-9、图30-10所示；也可在下方"更多进入效果"等选项中选择合适的动画，如图30-11所示。

图 30-8

图 30-9

图 30-10   图 30-11

③在"动画"选项卡"高级动画"组中选择"动画窗格",如图30-12所示。在打开的"动画窗格"面板中可以看到所有设置了动画的对象,也可在这里完成动画属性的修改,如图30-13所示。

图 30-12   图 30-13

二、设置动画效果

①双击某个动画,即可进入该对象"动画效果"对话框,如图30-14所示。

②选择对应的选项卡即可完成设置。

• "效果"选项卡:设置动画的方向。

• "计时"选项卡:进行动画开始的时间设置,如图30-15所示。在"开始"中可以设置幻灯片开始播放的方式。"单击时"是指鼠标单击后动画开始播放;"与上一动画同时"是指该动画与上一动画同时播放;"上一动画之后"是指该动画在上一动画播放完成后开始播放。

图 30-14　　　　　　　　图 30-15

三、添加动作路径

①选中幻灯片中要设置动作路径的对象。

②在"动画"选项卡"高级动画"组中选择"添加动画"。

③在"添加动画"面板中选择动作路径后单击"确定"按钮，如图30-16所示。

图 30-16　　　　　　　　图 30-17

④按住鼠标左键调整路径的位置和距离。绿色标志为动作路径开始的位置，红色标志为动作路径结束的位置，如图30-17所示。

四、形状组合

幻灯片中由多个形状组合而成的图形，在设置动画前需先进行组合。对形状进行组合的方法如下。

①选中幻灯片中进行组合的形状。

②单击鼠标右键选择"组合"即可，如图30-18所示。

五、幻灯片的切换

①选中要设置切换效果的幻灯片。

②在"切换"选项卡"切换到此幻灯片"组列表框中选择效果，如图30-19所示。

图 30-18

图 30-19

③设置每张幻灯片的持续时间、换片方式等，如图30-20所示。

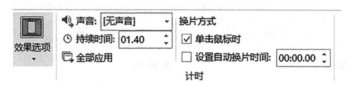

图 30-20

【任务实施】

①为第1张幻灯片中的"王东东"添加动画进入效果"擦除"，方向为"自底部"，计时为"上一动画之后"开始；为右侧"帆船"添加动画效果"动作路径—S曲线2"，从右侧运动至左侧，计时为"上一动画之后"开始。设置该张幻灯片的切换效果为"门"，换片方式为"单击鼠标时"，效果如图30-1所示。

②为第2张幻灯片的文字"90"添加动画进入效果"向内溶解"，"计时"为"单击时"开始；为图形"中括号"及其文字一并添加动画进入效果"擦除"，方向为"自左侧"，效果如图30-2所示。第2张至第7张幻灯片都设置幻灯片切换效果为"页面卷曲"，换片方式为"单击鼠标时"。

③将第3张幻灯片左侧图形中括号及其文字、曲线组合后添加动画进入效果"擦除"，方向为"自右侧"，"计时"为"单击时"开始；为右侧图形中括号及其文字、曲线组合后添加进入动画效果"擦除"，方向为"自左侧"，动画"单击时开始"，效果如图30-3所示。

④为第4张幻灯片设置从左至右，自底向上的动画效果。直线从左至右的动画效果要添加动画进入效果"擦除"，方向为"自左侧"；直线自底向上添加动画进入效果"擦除"，方向"自底部"。各文字配合线条添加动画进入效果"擦除"，方向为"自左侧"。根据动画出现的先后顺序将"计时"设置为"上一动画之后"，效果如图30-4所示。

⑤为第5张幻灯片的曲线添加动画进入效果"擦除"，方向为"自底部"；"计时"为"快速"，效果如图30-5所示。

⑥分别为第6张幻灯片中的文字添加动画进入效果"缩放"，接着添加强调动画效果"透明75%"。动画均设置为"单击时开始"，效果如图30-6所示。

⑦为第7张幻灯片的帆船添加动画进入效果"动作路径—S曲线1"；星星先添加动画

进入效果"淡出",接着添加动画退出效果"淡出",分别对大星星和小星星的动画进行设置,实现星星交替出现,做出闪烁的效果,星星在帆船动画结束之后开始。效果如图30-7所示。

独当一面

王东东的自我介绍制作完成了,请你也给自己的PPT加上精彩的动画效果吧!

[实例三十一]

PowerPoint中超链接的应用

PowerPoint 提供了功能强大的超链接功能，使用它可以在幻灯片与幻灯片之间、幻灯片与其他外界文件、程序之间、幻灯片与网页之间自由地转换。PPT中插入超链接能够快速转到指定的网站或者打开指定的文件，又或者直接跳转至某页，在提高效率的同时使播放更加灵活。

【职场再现】

王东东的自我介绍得到了领导和同事的好评，这让他对自己有了更多的自信。今天幼儿园宋园长来到公司，幼儿园的招生工作要开始了，她准备给自己工作的小亲亲幼儿园做宣传片，用于幼儿园家长会，让参观幼儿园的家长了解幼儿园的情况。清楚了宋园长的想法后，部门主管李主任将这个任务交给了王东东。这是王东东的第一个任务，他和宋园长交谈后了解了小亲亲幼儿园的基本情况，也听取了宋园长对宣传片的要求，于是他着手开始构思宣传片的制作。

【信息收集】

王东东接受任务之后开始了宣传片制作的准备工作。王东东总结出他要收集的信息包括以下几个方面：
- 幼儿园的基本信息及育儿理念。
- 幼儿园的教室、生活等不同的区域设施的图片资料。
- 幼儿在园内学习、生活的图片。
- 体现幼儿园教师基本素质的资料。

【任务展示】

王东东对信息分类后开始进行幻灯片的制作。王东东通过制作超链接的方式访问各种外部资料，使幻灯片在展示内容时线索更清晰。

第1张：

第2张：

图 31-1

图 31-2

第3张：

图 31-3

第4张：

图 31-4

第5张：

图 31-5

第6张：

图 31-6

第7张：

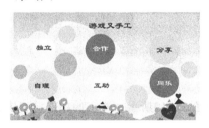

图 31-7

图 31-8

【任务实施】

当演示文稿中有多个分散的主题时，加入超链接可以使演示脉胳清晰。为图片、形状或者文本对象中添加超链接，可以在两个对象之间进行跳转，增强演示效果的逻辑性和操作的流畅感。链接的对象可以是本演示文稿中幻灯片，也可以是其他的文件或者网页、电子邮件。

参照"教材资源包"中的"小亲亲幼儿园"演示文稿，首先完成演示文稿的内容和动画制作，接下来就可以着手编辑超链接了。

一、为文本添加超链接

①选择第2张幻灯片，选中要制作超链接的文字或文本框"营养均衡———周食谱"。

②单击鼠标右键，在弹出的快捷菜单中选择"超链接"，如图31-9所示；或者单击"插入"选项卡，在"链接"组列表框中选择"超链接"，如图31-10所示。

图 31-9 图 31-10

③在"插入超链接对话框"中选择"本文档中的位置"，如图31-11所示。

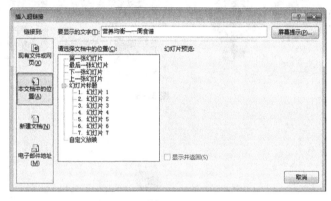

图 31-11

④选择"幻灯片3"后单击"确定"按钮，如图31-12所示，文字的超链接编辑完成。当鼠标指向有超链接的文字时鼠标即成为手形标志。

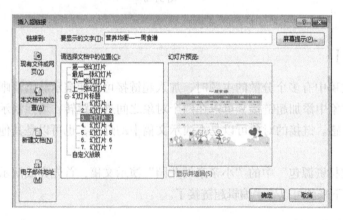

图 31-12

⑤为这张幻灯片中其他的文字添加对应的超链接。

二、改变超链接的颜色

在默认情况下，超链接文本在访问前是蓝色的，如图31-13所示，单击访问之后则会变成紫色，如图31-14所示。为了使超链接文本效果更加美观，可以对超链接的颜色进行改变。

营养均衡 ——一周食谱　　　　　营养均衡 ——一周食谱

图 31-13　　　　　　　　　　　　图 31-14

①选中要编辑的超链接文本。

②切换到"设计"选项卡。

③单击"变体"右下角的"其他"按钮，如图31-15所示，选择"颜色"，如图31-16所示。

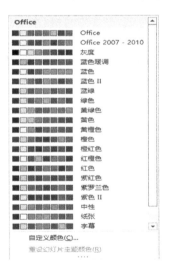

图 31-15　　　　　　　　　　　　图 31-16

④在"颜色"子菜单中选择"自定义颜色"命令，如图31-17所示。

图 31-17　　　　　　　　　　　　图 31-18

⑤在"新建主题颜色"对话框中设置"超链接"和"已访问的超链接"的颜色，在下方的名称中输入新的主题颜色名称后"保存"即可，如图31-18所示。

⑥选择要应用新主题的幻灯片，再次单击"变体"组中的"其他"按钮，在自定义主题上单击鼠标右键，选择"应用于所有幻灯片"，如图31-19所示，即可将该超链接颜色应用于演示文稿中的其他幻灯片中了。访问后的链接颜色如图31-20所示。

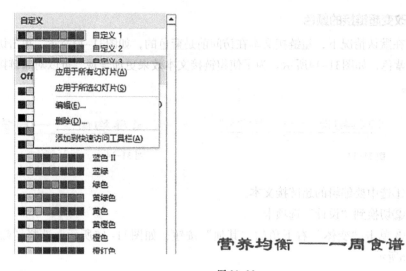

图 31-19　　　　　　　　　　　　图 31-20

三、为图片或形状添加超链接

①为第3张到第6张幻灯片添加心形图形和文字。

②选择第3张幻灯片中的心形图形，如图31-21所示。

③单击鼠标右键打开快捷菜单，选择"超链接"命令，如图31-22所示。

④在"编辑超链接"对话框中，单击"本文档中的位置"，选择要链接的幻灯片后单击"确定"按钮，如图31-23所示。

图 31-21

图 31-22　　　　　　图 31-23

四、超链接到网址

①选中第7张中要设置超链接的文字"更多信息在www.xxx.com 欢迎访问"。

②单击鼠标右键打开快捷菜单，选择"超链接"菜单项，即弹出"插入超链接"对话框，如图31-24所示。

图 31-24

③在"插入超链接"对话框中单击"现有文件或网页"，在下方"地址"栏中输入网址，如图31-25所示。

图 31-25

④在"编辑超链接"对话框中单击"屏幕提示"按钮，如图31-26所示。

图 31-26

⑤在"设置超链接屏幕提示"对话框中输入屏幕提示文字，如图31-25所示。

⑥设置完成后，演示幻灯片，当鼠标指向链接对象时就会出现屏幕提示文字，如图31-27所示。

更多信息在www.xxx.com 欢迎访问

小亲亲幼儿园欢迎您！

图 31-27

⑦图片或者形状也可以编辑超链接到网址。

独当一面

公司的业务可真好呀！王东东刚刚才把小亲亲幼儿园宣传片的初稿发给李主任，李主任的一位朋友将在"都市旅游节"上展示重庆的旅游特色，现在求助于李主任，希望能帮助他做一个介绍重庆的PPT。王东东立刻与李主任的朋友取得了联系，进行沟通。重庆的旅游特色有很多，王东东决定从桥都重庆、五彩重庆、山水重庆、美食重庆几个方面对重庆进行介绍，你也参与进来，与王东东一起来制作吧！

PowerPoint中声音视频的融入

PowerPoint在多媒体接入方面，功能也非常强大，可以方便快捷地将声音和视频添加到幻灯片中，为幻灯片增加魅力，让PPT演示更加直观、生动。

【职场再现】

今天李主任请王东东到他的办公室，告诉他"小亲亲幼儿园"的宣传片他已经看过了，对王东东认真对待工作的态度给予了表扬。李主任和王东东交流了他对这份演示文稿的看法，他认为现在的演示文稿结构完整，主题突出，图文并茂，但还缺乏生动性，视觉冲击力不强，建议王东东可以在声音和视频上再丰富一下宣传片的内容；增加演示文稿的过渡效果，使演示更加流畅，真正使幻灯片更好地起到树立品牌、提升形象的目的。

【信息收集】

王东东虚心地听取了李主任的意见，接下来，他便开始着手对演示文稿进行修改。王东东重新对演示文稿的结构进行了梳理，然后给宋园长打了电话，请宋园长收集一些幼儿园教学、生活相关的视频。

- 增加过渡页，使演示文稿结构更完整。
- 搜索适合的儿童音乐作为背景音乐。
- 对视频进行筛选和适当的加工，为素材引入到演示文稿中做好准备。

【任务展示】

王东东在当前的演示文稿中增加过渡页，在演示文稿中插入了与幼儿园主体相符合的音频、视频文件，如图32-1—图32-7所示。

第1张：　　　　　　　　　　　　第2张：

图 32-1

图 32-2

第3张：

图 32-3

第5张：

图 32-4

第7张：

图 32-5

第9张：

图 32-6

第11张：

图 32-7

【知识要点】

完整的演示文稿包括封面、目录页、过渡页、内页、结束页。过渡页在演示文稿中起着承上启下的作用，使演示文稿的内容更加连贯、结构更加紧密。

音频和视频是在演示文稿中使用较多的多媒体元素。在演示文稿中能方便插入音频和视频，也可对音频和视频进行编辑，设置播放的时间等，音频和视频的加入使演示文稿增色不少，更具说服力和感染力。

一、插入音频

①选中插入音频的幻灯片。

②单击"插入"选项卡，在"媒体"组中选择"音频"中的"PC机上的音频"，如图32-8所示。

图 32-8

③在弹出的"插入音频"对话框中选择计算机中的音频文件，单击"插入"按钮，如图32-9所示。

图 32-9

图 32-10

④插入音频后，PPT上会显示一个声音图标，如图32-10所示。

二、添加书签

①将鼠标移动到音频图标上，就会显示音频播放进度条，单击"播放"按钮就可播放音频音乐，如图32-11所示。

图 32-11

②双击音频图标，就会出现"音频工具"，下方有两个选项卡"格式"和"播放"。单击"播放"选项卡，在这里可以对音频进行设置和编辑，如图32-12所示。

图 32-12

③单击"播放"按钮，在播放到音频的关键点需要标注一下时，单击"添加书签"按钮，如图32-13所示。

图 32-13　　　　　　　　　　　图 32-14

④这时在音频播放进度条上就会出现一个小圆点，这就是书签，方便之后做音频编辑，如图32-14所示。

三、编辑音频

①在"播放"选项卡"编辑"组中单击"剪裁音频"按钮，如图32-15所示。在弹出的"剪裁音频"对话框中，在播放条上可以看到绿色和红色的标记，绿色代表开始，红色代表结束，中间有两个蓝色的小圆点即加入的书签，如图32-16所示。

图 32-15

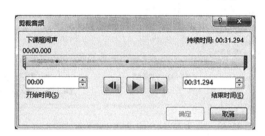

图 32-16

②分别移动绿色和红色的标记到书签位置，在播放条下方显示出音频开始播放和结束的时间，可以通过播放按钮听取剪裁后的效果，之后单击"确定"按钮即可，如图32-17所示。

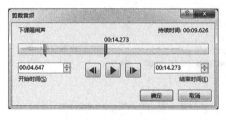

图 32-17

图 32-18

③在"播放"选项卡"编辑"组中可以设置音频淡化持续时间。淡入即音乐从弱到强进入的时间，淡出音乐从强到弱结束的时间，如图32-18所示。

四、设置音频选项

①开始。设置音频开始播放的时间，幻灯片默认为单击时播放，如图32-19所示，也可设置为切换到该幻灯片时自动播放，如图32-20所示。

图 32-19   图 32-20

②音量。设置播放时的音量大小，有高、中、低、静音4个选项。

③跨幻灯片播放。默认为只在当前幻灯片播放，当切换到其他幻灯片时停止播放，勾选该选项后音频文件会在幻灯片之间播放。同时勾选"循环播放，直到停止"，使音频能够在演示各张幻灯片的时候持续、不间断地播放。

④放映时隐藏。音频文件播放时播放图标隐藏。

五、更换音频图标

①将鼠标移动到音频图标上，单击鼠标右键。

②在弹出的快捷菜单中，选择"更改图片"，如图32-21所示。

图 32-21

③在"插入图片"对话框中，单击"浏览"按钮，如图32-22所示。

图 32-22

④选择图片即可，如图32-23所示。

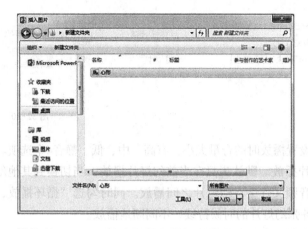

图 32-23

⑤在"音频工具"的"格式"选项卡中可以对更改后的音频图标图片进行效果设置，如图31-24所示。设置完成后效果如图32-25所示。

图 32-24

图 32-25

六、调整音频文件播放顺序

若某页PPT有多个动画，如果音乐需要在指定的时间点播放，那么就在"动画窗格"中调整音频在动画窗格中的位置，设置音频的播放方式即可，如图32-26所示。

插入视频和编辑视频的方法与音频操作类似，但也有区别，请你们都去尝试对比一下吧。

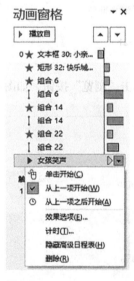

图 32-26

【任务实施】

①选择第1张幻灯片，插入"下课喧闹声"和"女孩笑声"两段音频。剪辑"下课喧闹声"，保留前8秒，将两段音频设置为切换到幻灯片时就开始同时播放，并将声音图标设置为"放映时隐藏"，如图32-1所示。

②在第2张幻灯片中插入音频"苹果树"，更换音频图标为图片"心形"。将该音频在播放时设置为"跨幻灯片播放""循环播放，直到停止"，如图32-2所示。

③新增第3张幻灯片为过渡页，并按第3张幻灯片的样式分别增加第5页、第7页、第9页为过渡页，如图32-3—图32-6所示。

④新增第11张幻灯片，在这张幻灯片中插入视频"手工视频"，将该视频播放设置为切换到该张幻灯片时自动播放，如图32-7所示。

独当一面

王东东的PPT制作技术在一次次的锻炼中越来越成熟。"都市旅游节"上展示重庆旅游特色的PPT已经初步成形，为了使PPT更加有吸引力，王东东决定为PPT添加合适的音视频，在介绍"桥都重庆"时添加"桥都重庆"视频，在"美食重庆"中介绍"糍粑块"时添加"打糍粑"的视频，更加凸显重庆特色，你也来和王东东一起练练手吧！

PowerPoint母版

　　幻灯片中提供了丰富的模板，网上的各种各样漂亮的模板也非常丰富，可是要做出自己独树一帜的幻灯片，也是要花一些功夫的。幻灯片注重结构与层次，一个好的幻灯片，必定是结构明了、层次清楚的，故在制作幻灯片时，同一层级的内容在版式、字体、字形、字号等方面都应保持一致。本例通过学习PowerPoint母版的应用，来学习如何制作独特的幻灯片版式。

【职场再现】

　　周倩倩今年刚从学前教育专业毕业，被特级幼儿园——聪明鱼幼儿园的园长看中，聘为聪明鱼幼儿园的老师，这还是该幼儿园第一次聘用没有工作经验的应届毕业生。周倩倩是全能型人才，唱歌、跳舞、弹琴、绘画、做手工、写毛笔字无所不会，并且样样都是学校里的佼佼者，但园长看中她的原因除了这些以外，还有她的PPT做得与众不同，而且非常漂亮。周倩倩上班的第一个月，园长就笑眯眯地对她说："倩倩，市里面组织了一个幼儿展示的综合比赛，小二班的王老师负责这次比赛的组织，但是她在制作PPT方面不是很擅长，你协助她制作吧。"

【信息收集】

　　周倩倩接到园长亲自布置的任务，特别重视，立即与小二班的王老师联系，从王老师那了解到此次比赛的主题是"我的小日子"，王老师告诉周倩倩，她需要一个原创的有特色的PPT版式，希望周倩倩帮她做一个。

【任务展示】

　　若要使PPT有特色，不与其他的雷同，需得自己动手制作母版，结合针对小朋友的特点，周倩倩做了一个3个层级、每个层级4个版式的母版。封面效果如图33-1所示，一级版式效果如图33-2所示，二级版式效果如图33-3所示，三级版式效果如图33-4所示。

图 33-1

图 33-2

图 33-3   图 33-4

【知识要点】

本例是利用幻灯片母版来制作带有自己特色的幻灯片，为了使图片色彩统一，使图像前后呼应，可截取背景图片的部分位置来制作标题部分。

打开"视图"面板，从"母版视图"组中选择"幻灯片母版"打开幻灯片母版编辑界面，如图33-5所示。母版制作均在此母版编辑界面中完成，编辑完成后，单击"关闭母版视图"按钮即可退出编辑界面。

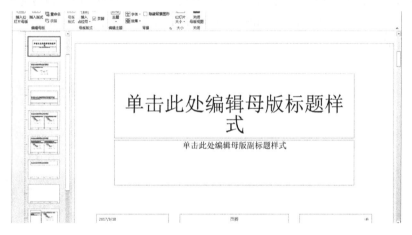

图 33-5

【任务实施】

一、制作封面

①选择母版列表中第2页制作幻灯片封面。母版列表中的第1页是主页，如果插入了对象，则这个对象将会存在于其下辖的每一页。所以，如果不是要每页显示的对象不可插入到第1页主页中。

②插入背景图片，右键调出快捷菜单，如图33-6所示，选择"置于底层"将图片置于底层。

③选中文字，设置字体、字号及字的颜色、位置，效果如图33-1所示。

④绘制一条直线作为装饰，修改直线的颜色和粗细；插入聪明鱼幼儿园的标志，效果如图33-1所示。

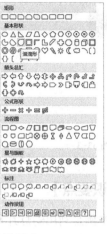

图 33-6   图 33-7   图 33-8   图 33-9

二、制作一级版式

①选择下面一个版式，插入图片并进行裁剪，效果如图33-7所示。

②将图形裁剪为泪滴形。选中图片，在"裁剪"下拉菜单中选择"裁剪为形状"，如图33-8所示；调出下一级面板，如图33-9所示；从基本形状中选择"泪滴形"，效果如图33-10所示。

图 33-10   图 33-11   图 33-12

③在"图片工具格式"面板的"图片样式"组中找到"图片效果"，为图片添加10磅柔化边缘，如图33-11所示；拖动控制点将图片水平翻转，效果如图33-12所示。

④添加矩形形状作为文字背景、修改字体字号及颜色、插入聪明鱼幼儿园标志，效果如图33-2所示。

其他页面可参照以上步骤制作，也可通过复制版式后作相应的修改来完成。

独当一面

周倩倩妈妈的好朋友程阿姨所在的SAN BENE首饰店明天有一个新品推介会，程阿姨想把演示文稿做得漂亮、有特色，所以希望倩倩帮忙制作一个PPT母版。我们来帮帮周倩倩吧！

PowerPoint触发器

幻灯片演示文稿PowerPoint中提供了丰富的动画效果，可以进行简单的视频编辑，借此来呈现所要展示的内容。而在很多时候，在展示PPT的同时，还希望能与观众有互动，PowerPoint触发器便提供了与观众互动的功能，互动的环境可以使活动气氛更加活跃。

【职场再现】

范文东是居委会的工作人员，重阳节到了，居委会将组织辖区内的老人一起过节。为了活跃气氛，居委会冯主任让居委会的成员每人提议一项节目活动，大家七嘴八舌地都报出了自己觉得适合老人玩的活动项目，范文东也有自己的打算，他准备做一个猜地名的游戏，由计算机展示出一组图，由老人们猜地名，猜中的会显示"恭喜您答对了"并响起掌声；若是猜错了，会有错误的提示。

【信息收集】

打定主意后，范文东开始为自己的想法收集资料，范文东从网上收集了很多比较著名的风景图片。范文东是学社会科学的，没学过软件开发，只能借助于PPT来完成任务了。

【任务展示】

范文东做的幻灯片主要包含向老年朋友们展示图片、老年朋友们答对会给出正确的提示、老年朋友若答错会给出错误的提示3个部分。

图 34-1

图 34-2

图 34-3

【任务实施】

本例是利用幻灯片来制作交互式动画效果，对象的出现由另外的对象来控制，若是触发，对象便出现；若是没有触发，对象便不会出现。

①制作"恭喜你答对了"的动画效果。打开"动画"面板，在"动画"组中选择出现，如图34-4所示。

图34-4

②打开"动画"面板，在"高级动画"组中单击"动画窗格"，调出"动画窗格"面板，如图34-5所示；在"动画窗格"面板单击对象右边的黑三角形，调出下拉菜单，如图34-6所示；选择"效果选项"打开"出现"对话框，如图34-7所示。

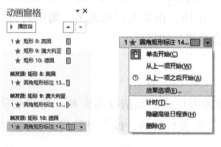

图34-5   图34-6

图34-7

图34-8

③在"出现"对话框"效果"标签中设置声音为鼓掌。

④在"出现"对话框"计时"标签中设置触发器，选择"单击下列对象时启动效果"选项，并在后面的复选框中选取相应的对象，如图34-8所示。其他效果以此类推。

独当一面

重阳节那天，活动进行得特别顺利，老人们以及陪同老人们一起来的家属都赞不绝口，魏奶奶的孙女魏冉冉特别喜欢范文东制作的"猜地名"游戏。魏冉冉是幼儿园老师，想给自己班的小朋友制作一个识别颜色的PPT，需要用图片与声音来代替。魏冉冉想求助于范文东，但两人并不熟识，不如我们帮魏冉冉做一个吧！

综合之邮件合并

　　邮件合并是一种可以发送同一格式内容给多个对象的方法。可以将其中变化的部分制作成数据源，内容相同的部分制作成一个主文档，然后将数据源中的信息合并到主文档中的功能，一般用于批量制作信函、信封、标签、工资条、成绩单等。

【职场再现】

　　沈老师是一位语文老师，同时也是计算机专业的班主任。放寒假了，同学们都高高兴兴回家了，沈老师还有很多工作要做。其中有一项很重要的工作就是将同学们的成绩从各科任老师处收集起来，并制作成绩统计表上交学校，然后将每位同学的成绩分别填入成绩单，装入同学们放假前准备好的信封给大家邮寄回去。其他工作都还好，每次的填成绩单特别让沈老师头痛。沈老师决定叫住在学校附近的李明皓来帮忙。

【信息收集】

　　李明皓很快来到了学校，弄清了沈老师的意图后，学计算机的李明皓决定用一个快捷的方法来帮沈老师解决问题。李明皓按照沈老师的指示很快起草了一个成绩通知单的格式文档，又按照沈老师的意图对格式文档进行了格式设置与调整，然后找到沈老师已经录入好的成绩记分表，通过邮件合并制作出成绩通知单文档，只用了十来分钟便将全班所有同学的成绩通知单打印好了。

【任务展示】

　　李明皓做好的成绩通知单部分效果如图35-1所示。

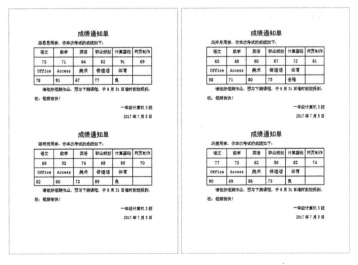

图 35-1

【任务实施】

本例中主要使用了邮件合并功能。

①利用Word制作邮件合并主文档，效果如图35-2所示。

成绩通知单

同学，你本次考试的成绩如下：

语文	数学	英语	职业规划	计算基础	网页制作
Office	Access	美术	普通话	体育	

请做好假期作业，预习下期课程，于 8 月 31 日准时到校报到，

祝：假期愉快！

一年级计算机 3 班

2017 年 7 月 5 日

图 35-2

②选择邮件合并类型。打开"邮件"选项卡，找到"开始邮件合并"组，单击"开始邮件合并"调出下拉菜单，如图35-3所示，选择"目录"。

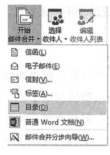

图 35-3   图 35-4

③选择数据源。打开"邮件"选项卡，找到"开始邮件合并"组，单击"选择收件人"调出下拉菜单，如图35-4所示，选择"使用现有列表"打开"选取数据源"对话框，如图35-5所示，找到成绩统计表后单击"打开"，打开"选择表格"对话框，如图35-6所示，选择数据源，单击"确认"按钮。

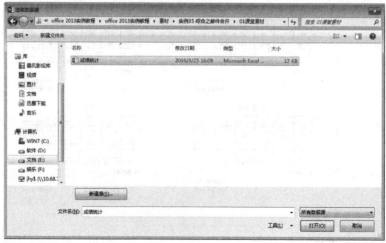

图 35-5

图 35-6

④插入合并域。将光标置于"同学"前，打开"邮件"选项卡，找到"编写和插入域"组，单击"插入合并域"调出下拉菜单，如图35-7所示，选择姓名插入合并域，采用同样的方法插入其他的合并域，效果如图35-8所示。

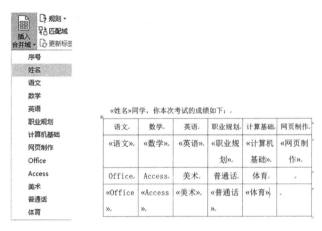

图 35-7   图 35-8

⑤邮件合并。打开"邮件"面板，找到"完成"组，单击"完成并合并"调出下拉菜单，如图35-9所示；选择"编辑单个文档"，调出"合并到新文档"对话框，如图35-10所示，选择"全部"，然后单击"确定"按钮，将生成新的文档，如图35-11所示，邮件合并完成。

图 35-9   图 35-10

图 35-11

人大个人必要……简单……简单……简单……简单……简单……简单……简单……简单……简单
简单……简单……简单……简单……简单……简单……简单……简单……简单……简单……
简单……简单……简单……简单……简单……简单

独当一面

次日，沈老师到学校教务科去交资料时，教务科的韩老师正在发牢骚，原来韩老师负责打印全校校竞赛的奖状，沈老师觉得这应该和做成绩单异曲同工，于是打电话让李明皓来帮忙，没想到李明皓跟爸妈出去旅游了，让我们帮帮韩老师吧。

综合之Word中的Excel

Office软件包下的软件，其相互的兼容性非常好，Word和Excel也可以协同使用。在Word中插入Excel既可以方便版式编辑，又可以方便数据处理。

【职场再现】

吕丽颖是出版社市场部负责计算机类图书市场与销售的项目负责人，年关将至，各项目负责人需将市场调查形成调查报告上报市场部经理。吕丽颖想用Word做报告，又觉得Word的表格功能不如Excel好用；若用Excel做报告，Excel在文本编辑上又不能得心应手。正烦恼着，负责汽车类图书市场与销售项目的负责人小田笑眯眯地给吕丽颖出了个主意，吕丽颖一下子乐开了花。

【信息收集】

原来小田告诉吕丽颖，Word与Excel是可以协作使用的，Word中是可以插入Excel表格的，需要编辑表格中的数据时，只需双击表格，便可以实现Excel中的各种编辑功能。

吕丽颖于是着手准备了调查问卷表，调查读者的购买意向，最终形成了调查报告。

【任务展示】

吕丽颖做好的调查报告效果如图36-1和图36-2所示。

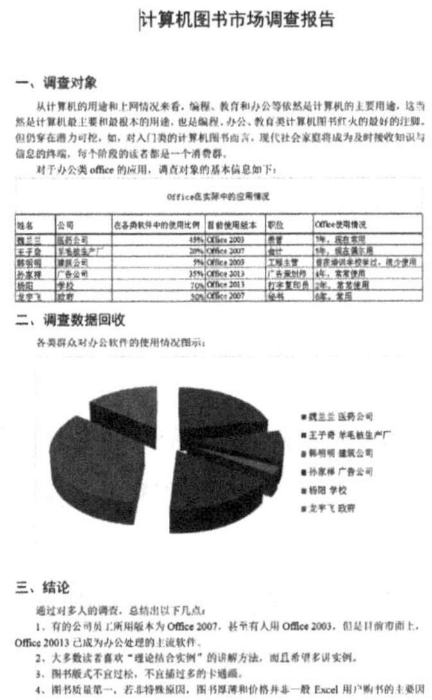

计算机图书市场调查报告

一、调查对象

从计算机的用途和上网情况来看，编程、教育和办公等依然是计算机的主要用途，这当然是计算机最主要和最根本的用途，也是编程、办公、教育类计算机图书红火的最好的注脚。但仍存在潜力可挖，如，对入门类的计算机图书而言，现代社会家庭将成为及时接收知识与信息的终端，每个阶段的读者都是一个消费群。

对于办公类office的应用，调查对象的基本信息如下：

Office在实际中的应用情况

姓名	公司	在各类软件中的使用比例	目前使用版本	职位	Office使用情况
魏兰兰	医药公司	45%	Office 2003	质管	7年，现在常用
王子奇	羊毛被生产厂	20%	Office 2007	会计	5年，现在偶尔用
韩明明	建筑公司	5%	Office 2003	工程主管	曾在培训学校学过，很少使用
孙家祥	广告公司	35%	Office 2013	广告策划师	4年，常常使用
杨阳	学校	70%	Office 2013	打字复印员	2年，常常使用
龙宇飞	政府	30%	Office 2007	秘书	6年，常用

二、调查数据回收

各类群众对办公软件的使用情况图示：

三、结论

通过对多人的调查，总结出以下几点：

1、有的公司员工所用版本为Office 2007，甚至有人用Office 2003，但是目前市面上，Office 20013已成为办公处理的主流软件。

2、大多数读者喜欢"理论结合实例"的讲解方法，而且希望多讲实例。

3、图书版式不宜过松，不宜插过多的卡通画。

4、图书质量第一，若非特殊原因，图书厚薄和价格并非一般Excel用户购书的主要因

图 36-1

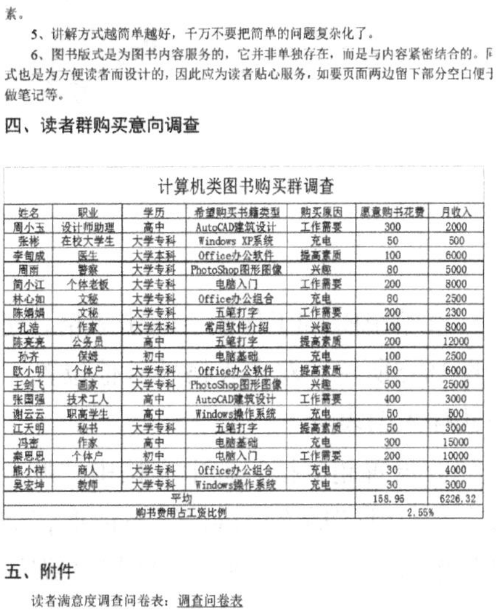

素。

5、讲解方式越简单越好，千万不要把简单的问题复杂化了。

6、图书版式是为图书内容服务的，它并非单独存在，而是与内容紧密结合的。[illegible]式也是为方便读者而设计的，因此应为读者贴心服务，如要页面两边留下部分空白便[illegible]做笔记等。

四、读者群购买意向调查

计算机类图书购买群调查

姓名	职业	学历	希望购买书籍类型	购买原因	愿意购书花费	月收入
周小玉	设计师助理	高中	AutoCAD建筑设计	工作需要	300	2000
张彬	在校大学生	大学专科	Windows XP系统	充电	50	500
李甸成	医生	大学本科	Office办公软件	提高素质	100	6000
周雨	警察	大学专科	PhotoShop图形图像	兴趣	80	5000
简小江	个体老板	大学专科	电脑入门	工作需要	200	8000
林心如	文秘	大学专科	Office办公组合	充电	80	2500
陈娟娟	文秘	大学专科	五笔打字	工作需要	200	2300
孔浩	作家	大学本科	常用软件介绍	兴趣	100	8000
陈亮亮	公务员	高中	五笔打字	提高素质	200	12000
孙齐	保姆	初中	电脑基础	充电	100	2500
欧小明	个体户	大学专科	Office办公软件	提高素质	50	6000
王剑飞	画家	大学专科	PhotoShop图形图像	兴趣	500	25000
张国强	技术工人	高中	AutoCAD建筑设计	工作需要	400	3000
谢云云	职高学生	高中	Windows操作系统	充电	50	500
江天明	秘书	大学专科	五笔打字	提高素质	50	3000
冯密	作家	高中	电脑基础	充电	300	15000
秦思思	个体户	初中	电脑入门	工作需要	200	10000
熊小祥	商人	大学专科	Office办公组合	充电	30	4000
吴宏坤	教师	大学专科	Windows操作系统	充电	30	3000
平均					158.95	6226.32
购书费用占工资比例					2.55%	

五、附件

读者满意度调查问卷表：调查问卷表

图 36-2

【任务实施】

本案例主要应用了在Word中插入Excel对象以及超链接文件。

①在Word中打开"插入"选项卡，找到"文本"组中的"对象"，打开对象下拉列表，选择"对象"，打开"对象"对话框，选择"由文件创建"标签，如图36-3所示，通过"浏览"找到需插入的Excel文档，然后单击"插入"按钮，效果如图36-4所示。

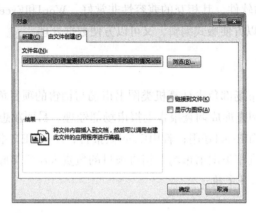

图 36-3

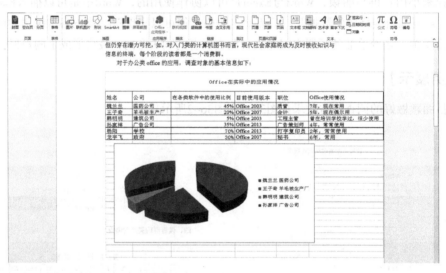

图 36-4

②编辑Excel工作表。双击表格，进入Excel编辑状态，将表格大小拖至合适的尺寸。如图36-5所示，双击表格外其他位置，退出Excel编辑状态，效果如图36-6所示。用相同方法插入图表。

③设置超链接。选中文档中"调查问卷表"，单击右键调出快捷菜单，选择"超链接"，打开"插入超链接"对话框，如图36-7所示，在查找范围中找到要链接的文档，然后单击"确定"按钮，超链接设置完毕，效果如图36-8所示。

图 36-5

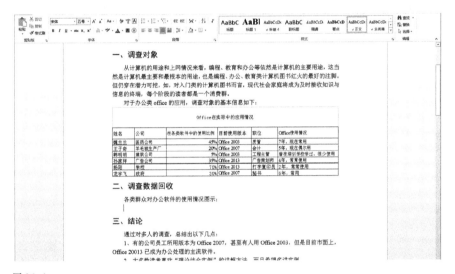

图 36-6

图 36-7

五、附件

读者满意度调查问卷表：调查问卷表

图 36-8

独当一面

吕丽颖的妹妹吕艳芳是一名电气专业的在校大学生，是班里的学习委员，期末考试结束后，辅导员把全班的成绩传给吕艳芳，让吕艳芳准备资料，在下学期开学的时候做一个全班的学习总结。吕艳芳决定将全班每个科目的最高分、最低分、及格人数、及格率、80分以上优生人数、优生率先统计出来，然后将统计表放到报告页面中去。来试试我们是不是能完成这个工作。

综合之Word中的PPT

Word与PowerPoint均是Office办公自动化软件包中的软件，能相互协作使用，可实现更多的功能。

【职场再现】

史明轩刚刚应聘到一家培训机构，老总让史明轩负责淘宝美工方面的培训。史明轩在第一次给大家做培训时，就用了把PPT放在Word文档中的功能。

【信息收集】

史明轩为了能做好培训，下了很大的功夫收集信息，收集了很多淘宝美工的基础资料。除此之外，史明轩还收集了有关PPT制作技术和PS的使用等方面的资料，也在网上收集了讲解淘宝美工的PPT。

【任务展示】

史明轩对自己的培训稿进行了整理，对收集的PPT也进行了调整，并将PPT插入了Word资料中，如图37-1所示。

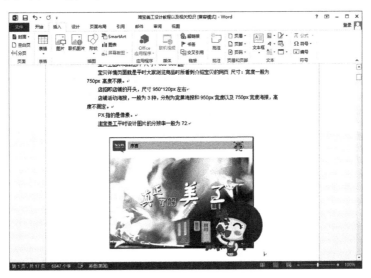

图 37-1

小提示

Word中插入的PPT，双击可以直接放映。

【任务实施】

本例是将PPT以对象的方式插入Word中，既可以起到美化版式的作用，又可以很方便地使用PPT，避免了到各个地方去寻找PPT以及软件之间切换的麻烦。

打开"插入"选项卡，找到"文本"组中的"对象"，打开对象下拉列表，选择"对象"，调出"对象"对话框，如图37-2所示，选择"由文件创建"标签，通过"浏览"找到需插入的PPT，然后单击"确定"按钮，效果如图37-1所示。双击图片可调用PowerPoint软件打开相应的PPT。

图 37-2

独当一面

姬天兰是班里的班长，辅导员王老师让她筹备一下主题班会——"环境保护靠大家"知识问答竞赛，制作环境保护宣传PPT，在知识问答竞赛之后用于宣传环保概念。姬天兰是学陶艺的，对计算机并不擅长，让我们帮帮她吧。

综合之文字转换

在实际工作中，也许是因为收集的资料有限，也许是因为资料管理不善，我们不得不将PPT中的文字恢复到Word中进行编辑，那么怎样快速、简便地从PPT中复制文字呢？让我们一起来探究一下吧。

【职场再现】

海朵朵就职于广告公司，她的哥哥海大富是一所职业学校的就业科科长。根据就业单位反馈的情况，海大富准备给还未就业的计算机专业同学讲授标志设计方面的知识，于是便请海朵朵来给同学们上课。海朵朵找到了相关的PPT，现在需要将其中的内容复制出来制作教学设计的我Word文档。海朵朵觉得如此短的时间也只能介绍一下标志的制图方法。

【信息收集】

海朵朵根据自己的设想，在互联网上收集资料，很快，她找到了一个讲解标准标志制图的PPT课件，效果如图38-1所示。

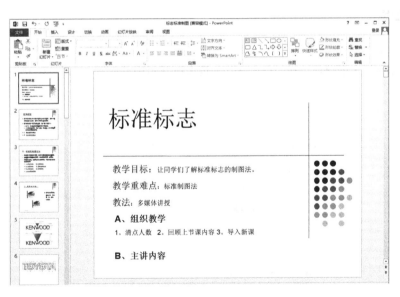

图 38-1

【任务展示】

海朵朵只花了一分钟便将PPT中的文字全都放到了Word中，效果如图38-2所示。

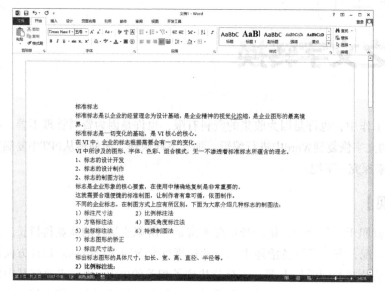

图 38-2

【知识要点】

本例介绍如何快速将PPT中的文字转为Word的方法。将PPT的文字转换成Word需要借助大纲模式，主要有两种方法：一种是在大纲视图中去复制；另一种是直接将文件存储为大纲格式RTF，再用Word打开。

【任务实施】

方法一：打开视图面板，找到演示文稿视图组中的大纲视图，将PPT切换到大纲视图，将光标放到大纲窗口，按"Ctrl+A"全选大纲窗口中的内容，如图38-3所示，然后将

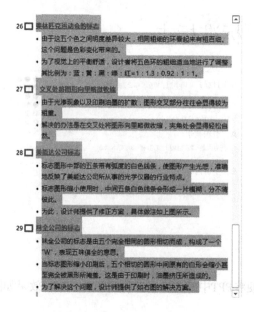

图 38-3

内容复制到Word文档中去。

方法二：将PPT另存为RTF格式，如图38-4所示，再用Word文档打开，如图38-5所示。

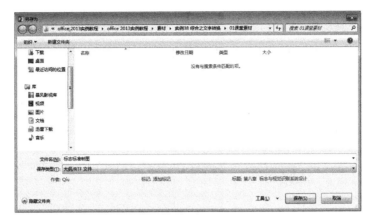

图38-4

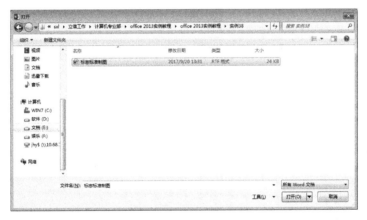

图38-5

独当一面

　　彭龙祥是中央美院的在读研究生，前不久彭龙祥跟导师一起为黄河实业设计制作了一套VI方案，可是彭龙祥却怎么也找不到方案的说明文件了。好在方案的PPT中包含了说明文件的大多数内容，但彭龙祥只会一页一页地复制文字，怎么才能把丢失的文件制作好呢？让我们帮彭龙祥把PPT中的文字快速转为Word文档吧。

步骤二：将PPT另存为RTF格式，如图38-4所示，再用Word处理打开，如图38-

图38-1

图38-2